高职高专通用教材

计算机应用基础项目实训教程

主　编　李京宁　蔡　芸

副主编　姜　丹　孙文力

参　编　刘　扬　马维君

中国建材工业出版社

图书在版编目(CIP)数据

计算机应用基础项目实训教程/李京宁,蔡芸主编.--
北京:中国建材工业出版社,2016.7(2020.1重印)
高职高专通用教材
ISBN 978-7-5160-1334-2

Ⅰ.①计… Ⅱ.①李… ②蔡… Ⅲ.①电子计算机-
高等职业教育-教材 Ⅳ.①TP3

中国版本图书馆 CIP 数据核字(2015)第 319069 号

内 容 简 介

本教材重点介绍了计算机操作的相关知识。全书在组织结构上采用项目编写模式,以任务驱动的形式组织教学内容,方便教师备课和学生学习。在内容选取上,主要选择贴近实际应用的案例,同时兼顾知识的系统性,提高教学和学习的实效性。

本教材共有 7 个项目:计算机基础知识,Windows 操作系统,商务文档制作,电子表格综合应用,网络综合应用,演示文稿制作,多媒体软件综合应用。

本教材适合高等职业院校、成人学院和网络学院学生使用,也可以作为广大计算机初学者自学参考用书。

计算机应用基础项目实训教程

主 编 李京宁 蔡 芸
副主编 姜 丹 孙文力
参 编 刘 扬 马维君

出版发行:中国建材工业出版社
地 址:北京市海淀区三里河路1号
邮 编:100044
经 销:全国各地新华书店
印 刷:北京雁林吉兆印刷有限公司
开 本:787mm×1092mm 1/16
印 张:14.5
字 数:362千字
版 次:2016年7月第1版
印 次:2020年1月第2次
定 价:39.00元

本社网址:www.jccbs.com.cn 微信公众号:zgjcgycbs
本书如出现印装质量问题,由我社市场营销部负责调换。联系电话:(010)88386906

前　言

感谢您选择并使用《计算机应用基础项目实训教程》这本教材。这是一本用项目任务模式编写的教材，相信它会给您带来全新的教学、学习体验。本书的所有编者都是从事计算机应用基础教学多年的一线教师，编者在计算机教学上积累了许多宝贵的经验，编写的教材能更加适应目前的职业教育需求，使用本教材可以提高教学和学习的效果。

本教材共设置计算机基础知识、Windows 操作系统、商务文档制作、电子表格综合应用、网络综合应用、演示文稿制作和多媒体软件综合应用 7 个教学项目，约需 88 学时（参见下表），具体教学安排可根据具体情况做适当调整。

学时分配建议

序号	课 程 内 容	学 时 数			
		合计	讲授	上机	机动
1	项目一 计算机基础知识	6	3	3	
2	项目二 Windows 操作系统	10	4	6	
3	项目三 商务文档制作	16	6	10	
4	项目四 电子表格综合应用	16	6	10	
5	项目五 网络综合应用	12	4	8	
6	项目六 演示文稿制作	16	6	10	
7	项目七 多媒体软件综合应用	12	4	8	
	总　计	88	33	55	

每个项目中都设置了由浅入深的多个任务，每个任务都由任务准备、任务实施、任务小结、思考与练习共 4 个环节构成。"任务准备"主要由教师对完成本任务所需的知识进行讲解或对学生学习进行引导；"任务实施"是让学生通过完成具体的任务来学习相关的知识和技能；"任务小结"是归纳相关的知识；"思考与练习"让学生能在课后回味学习的内容，以达到举一反三的效果。

本书由北京信息职业技术学院、北京市建设职工大学和北京交通职业技术学院联合编写，由李京宁老师进行结构设计，参编教师共同讨论确定编写方案。具体编写分工为：北京信息职业技术学院李京宁老师编写项目一、项目七，北京市建设职工大学刘扬老师编写项目二、项目五，北京交通职业技术学院蔡芸老师编写项目三、姜丹老师编写项目四、孙文力老师编写项目六、马维君老师也参加了项目三、四、六部分内容的编写。李京宁老师和蔡芸老师担任本书主编并对全书进行了统稿。

在本教材的编写过程中，得到了北京市建设职工大学和北京交通职业技术学院领导的大力支持，中国建材工业出版社胡京平编辑对本书的出版给予了极大的帮助。在此表示衷心的感谢。

鉴于时间仓促和编者水平有限，书中不当之处在所难免，恳请广大读者批评、指正。

编　者

2016 年 5 月

目　　录

项目一　计算机基础知识

　　计算机自 1946 年诞生，至今已经历了 60 多年的发展历程，它已从普通人遥不可及的高端电子设备，发展成了人们日常生活中不可或缺的寻常电子设备，基于计算机的信息技术也已深入到人们生活的方方面面。作为职业院校的学生，只有掌握了信息技术才能更好地把握机遇，面向未来。本项目通过 3 个任务的学习，让同学们能够了解计算机的基础知识，掌握计算机的系统组成，为后面进一步学习打好基础。本项目实施安排如表 1-1 所示。

知识目标

　　了解计算机发展、分类和应用领域的相关知识。
　　掌握计算机数制和编码的知识。
　　掌握计算机系统组成的相关知识。

技能目标

　　能够识别计算机的常用硬件。
　　能够根据需求配置计算机。
　　能够对常用软件进行归类。

表 1-1　项目实施安排

序号	任务名称	基本要求	建议课时
任务 1	计算机常识	了解计算机发展阶段的分类，掌握计算机的用途和发展趋势	2
任务 2	计算机系统组成	了解计算机的硬件系统和软件组成，能够根据需求定制计算机硬件和软件	2
任务 3	数制与编码	掌握二进制与十进制间相互转换的方法，了解 ASCII 码和汉字国标码的基本编码方式	2

任务 1　计算机常识

　　虽然我们每天都在使用计算机，但对计算机的一些基本常识却未必熟悉，本任务主要通过图文介绍让同学们对计算机有一个全新的认识，进而为后面的学习打好基础。

知识点：计算机的定义、计算机的发展历程、计算机的分类、计算机的应用领域。

任务准备

1. 观察与认知

观察图 1-1，认知图中的设备和人物，并填写出设备名称和人名。

(a)　　　　　　　　　　　　　　　　　　(b)

图 1-1　关键的设备和人物

图 1-1（a）所示的设备为：_____

图 1-1（b）所示的人物是：_____

2. 相关知识

（1）计算机的定义

计算机也称电脑，是电子计算机（Electronic Computer）的简称，它是一种无需人工干预、能对各种信息进行存储和快速处理的电子设备。具有以下特点：

- 足够高的计算精度。
- 快速运算能力。
- 超强的记忆能力。
- 复杂的逻辑判断能力。
- 自动执行程序的能力。
- 内部采用二进制。

（2）计算机的发展史

计算机的发展可谓日新月异，从世界上第一台电子计算机 ENIAC（Electronic Numerical Integrator And Computer 电子数值积分计算机）于 1946 年诞生于美国的宾夕法尼亚州的阿伯丁弹道实验室，至今不过 60 余年，其逻辑部件从最初的电子管、晶体管发展到现在的集成电路、超大规模集成电路，计算机也从过去的体积大、速度慢、功耗大、价格高发展到现在的小巧、高速、省电、便宜，特别是系统软件和应用软件的发展，使得原来只有少数科研工作者才能使用的计算机变得越来越易学易用，计算机几乎成为每个人学习和工作的必备工具。至今，计算机的发展经历了 4 代，各代计算机特点如表 1-2 所示。

表 1-2 计算机的发展阶段

阶段 技术分项	第 1 代 （1946～1957）	第 2 代 （1958～1964）	第 3 代 （1965～1969）	第 4 代 （1970 至今）
逻辑部件	电子管	晶体管	中小规模集成电路	大、超大规模集成电路
主存储器	磁芯、磁鼓	磁芯、磁鼓	磁芯、磁鼓、半导体存储器	半导体存储器
外存储器	磁芯、磁鼓	磁芯、磁鼓	磁芯、磁鼓、磁盘	磁带、磁盘、光盘
软件系统	机器语言、汇编语言	监控程序（系统软件）、高级语言编译（FORTRAN、ALGOL 60）	分时操作系统	网络操作系统
运算速度	5 千～3 万次/s	几十万～几百万次/s	百万～几百万次/s	几百万～几亿次/s
典型机种	ENIAC、EDVAC	IBM 7000	IBM 360	IBM 4300、IBM PC

（3）计算机的分类

计算机可根据用途、价格、体积和性能等标准进行分类。按照用途，可分为个人计算机、掌上电脑、服务器，以及大型机和超级计算机等；按照主要性能指标，可分为巨型机、大型机、中型机、小型机、微型机和工作站。

70 年代后期，微型机的出现引起了一场计算机的革命，从此计算机走向大众。微型机有 3 大系列，即 IBM PC 及其兼容机、Apple-Macintosh 系列和 IBM 公司的 PS/2 系列。

（4）计算机的应用领域和发展趋势

早期的计算机主要作为一种计算工具用于数值计算，目前，计算机的应用已广泛深入到人类社会的各个领域，具体可以归纳为下面 5 大类。

- 科学计算（Scientific Calculation）。
- 信息处理（Information Processing）。
- 过程控制（Process Control）。
- 计算机辅助工程（Computer Aided Engineering）。
- 人工智能（Artificial Intelligence）。

目前，计算机正朝着巨型化、微型化、网络化、智能化和多功能化方向发展。巨型机和高性能计算机的研发和利用，标志着一个国家的经济实力和科学技术发展水平。微型机的研制和广泛使用，标志着一个国家的科学普及水平。而网络化、智能化和多功能化将计算机的能力发挥到极致，将彻底改变人们的生活和工作方式。

任务实施

体验与探索：下面请同学们完成几个小任务，希望通过这些任务，同学们能够学习到计算机的基础知识。

1. 观察表1-3中给出的各部件图示，将表中其他项目填写完整。

表1-3 计算机的逻辑部件识别

项目 / 内容 / 部件				
图示部件的名称				
图示部件的特点				
图示部件为第几代计算机所采用的逻辑部件				

2. 将你所知道的计算机技术在实际生活工作中的应用，填写在表1-4中。

表1-4 计算机在实际生活工作中的应用

应用领域	你所知道的实际应用	你想象还可能实现的应用
科学计算		
信息处理		
过程控制		
计算机辅助工程		
人工智能		

3. 观察图1-2，并通过网络搜索，回答下列问题。

图1-2 早期的微型计算机

问题1. 图中所示计算机为何种类型的计算机？它们是哪两家公司的代表性产品？

答：_____

_____

_____

_____。

问题2. 从外观上仔细观察，这两台计算机与现在所用的计算机有什么差别？

答：_____

_____

_____。

任务小结

计算机是一种内部采用二进制、无需人工干预、能对各种信息进行存储和快速处理的电子设备。计算机的发展经历了4代，主要通过逻辑部件进行分代。按照用途划分，计算机可分为个人计算机、掌上电脑、服务器，以及大型机和超级计算机。计算机的应用领域可归纳为科学计算、信息处理、过程控制、计算机辅助工程和人工智能。目前，计算机正朝着巨型化、微型化、网络化、智能化和多功能化方向发展。

思考与练习

1. 通过信息搜索，了解不同发展阶段的计算机，总结它们的特点。

2. 通过互联网搜集计算机朝智能化和多功能化发展的实例。

3. 学习本任务，对你有什么启发？对如何提高自己的信息处理能力有什么帮助？

任务2 计算机系统组成

在本任务中，同学们要从硬件系统和软件系统两个方面了解计算机系统的组成，在学习相关知识的同时，还要探究目前计算机的具体硬件配置情况，能根据需求完成计算机硬件系统的定制，同时建立起软件系统的基本概念。

知识点：硬件系统、软件系统、输入输出设备、存储设备、中央处理器

任务准备

1. 观察与认知

仔细观察图1-3，结合图中内容学习下列相关知识。

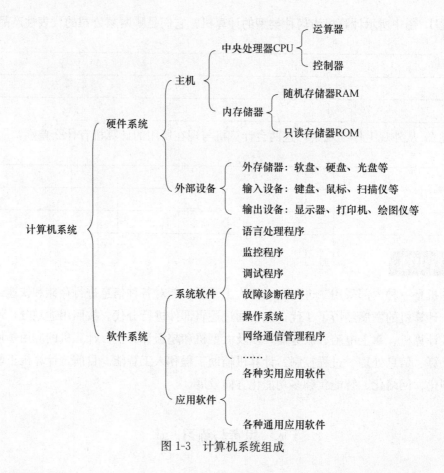

图 1-3　计算机系统组成

2. 相关知识

计算机的发展经历了半个多世纪，最重要的奠基人是科学家冯·诺依曼，他第一次提出了计算机的程序存储概念，确定了计算机的基本结构。他认为计算机是由控制器、运算器、存储器和输入输出设备组成的，到目前计算机硬件系统组成也没有太大变化。

（1）硬件和软件的知识

硬件是指构成计算机的物理装置，主要组成如下。

　·中央处理器 CPU：由运算器 ALU 和控制器组成。运算器是用来进行数据运算的部件，控制器是计算机的指挥系统。

　·存储器：具有记忆能力的部件，用来存放程序和数据。内存和外存因为使用的目的不同，所以两者的特点不同。

　·输入设备：用来输入程序和数据的部件，由输入接口电路和输入装置组成。

　·输出设备：用来输出结果的部件，由输出接口电路和输出装置组成。

软件是指使计算机为某种特定目的而运行所需要的程序以及相关数据和文档，主要组成如下。

　·系统软件：管理、监控和维护计算机系统正常工作的程序和相关资料。

　·应用软件：为解决某个实际问题而编制的程序和相关资料。

硬件和软件两者关系协同工作，缺一不可。

（2）计算机工作原理

计算机的工作过程就是程序指令在 CPU 的控制下逐条执行的过程。首先计算机在取指令周期内，将程序指令从内存送到 CPU 寄存器进行译码操作，然后在执行指令周期内，经译码后的指令进入执行阶段，完成相应的操作，如图 1-4 所示。

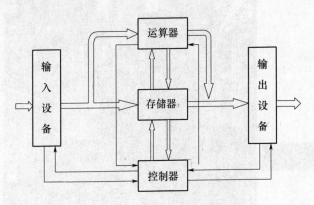

图 1-4　计算机的工作过程

图 1-4 中的各部件之间通过总线连接，其中，"⇨"为数据传送，"→"为请求和控制信号。总线是连接计算机各部件的一组公共信号线，是传送数据、信息的公共通道，按功能划分总线被分为数据总线 DB、地址总线 AB 和控制总线 CB。

（3）计算机软件系统的层次结构

没有安装任何软件的计算机称为"裸机"，"裸机"是没有任何用处的，必需首先在"裸机"上安装操作系统，然后再安装开发平台和应用软件，计算机才真正有用了。计算机软件系统的层次结构如图 1-5 所示。

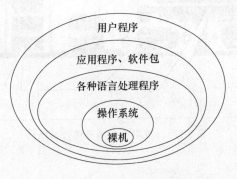

图 1-5　计算机软件系统的层次结构

任务实施

完成下面几个小任务，逐步建立起对计算机系统的认识，并通过网络搜索按要求配置一台微型计算机。

1. 认识主板系统单元

图 1-6 为计算机主机中的主板单元，主机中的主要部件都安装在主板单元上面，请同学们仔细观察并填空。

图 1-6   计算机主板结构

2. 认识主板与外部设备的接口

图 1-7 为计算机主板的外接设备接口，观察并填空，了解接口的特点和所接设备的类型。

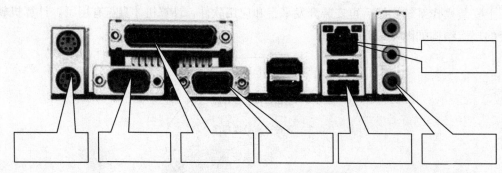

图 1-7   计算机主板的外接设备接口

3. 认识外存储器

由于内存储器在技术及价格上的原因，并且容量也有限，不可能容纳所有的系统软件及各种用户程序，因此，计算机系统都要配置外存储器。外存储器又称辅助存储器，它的容量一般都比较大，而且大部分可以移动，便于不同计算机之间进行信息交流。但其存取速度要比主存慢。常用的外存储器有磁盘（软盘、硬盘）存储器、光盘存储器和移动存储器带等。图 1-8 为几种外存储设备，通过观察、搜索，了解相关知识，并填空和完善表 1-5 和表 1-6。

图 1-8　常用外存储设备

表 1-5　内存储器和外存储器的区别

	存取速度	存储性质	容量大小	可移动性	价格高低
内存储器	快		小	不能	
外存储器		永久			低

表 1-6　几种外存储器介质比较

	特点	类型
软盘	容量小、存储信息速度慢、易受外界物质干扰（如磁场、电磁波等）	5.25 英寸盘 3.5 英寸盘等
硬盘	容量大、存储信息速度快、不易受外界物质干扰，怕＿＿＿＿＿	2.5 英寸盘 3.5 英寸盘
光盘	容量较大、存储信息速度较快、不易受干扰，怕＿＿＿＿＿	只读光盘 一次写入型光盘 可抹型光盘

4. 认识输入和输出设备

输入设备是外界向计算机传送信息的装置。在微型计算机系统中，最常用的输入设备是键盘和鼠标。输出设备的作用是将计算机中的数据信息传送到外部媒介，并转化成某种为人们所认识的表示形式。在微型计算机中，最常用的输出设备有显示器和打印机。图 1-9 列出了一些常用的输入/输出设备，请同学们识别一下它们，并了解它们的用途。

图 1-9　常用输入/输出设备

5. 配置一台微型计算机

上网查找计算机配件信息，为自己配置一台多媒体计算机，完成表 1-7 的填写。

表 1-7　计算机硬件系统配置清单

配件名称	规格型号	单价	数量	金额小计	备注
主板					
CPU					
显卡					
内存					
硬盘					
软驱					
光驱					
键盘					
鼠标					
显示器					
机箱					
声卡					
音箱					
金额合计					

6. 认识一些软件

查阅资料，填写表 1-8 中的一些软件的类型和功能，想一想你还常用哪些软件，它们是什么类型。

表 1-8　常用软件分类及功能

软件名称	软件类型	软件功能
Windows XP		
Photoshop		
Visual Basic		
Microsoft Office		
QQ		
迅雷		
360 安全卫士		
Linux		
AutoCAD		

任务小结

计算机的系统是由软件系统和硬件系统两部分组成的，二者缺一不可。硬件系统由主机和外部设备组成，主机由中央处理器 CPU 和内存储器组成，外部设备由外存储器、输入设备和输出设备组成。软件系统由系统软件和应用软件两部分组成。

思考与练习

1. 目前常用的打印机有哪几类，各有什么特点。

2. 目前我们使用的都是微型计算机，微型计算机目前主要有两大类，一类是 IBM PC 及其兼容机，另一类是 Apple 系列，为什么在中国使用 Apple 系列的用户较少？

3. 上网搜索目前微型计算机使用的 CPU 类型，并指出它们的区别在哪里。

任务 3 数制与编码

通过任务 1 的学习，同学们都已知道计算机内部使用二进制，同样在计算机中的各种数据也都是用二进制进行编码的，那为什么要采用二进制呢？又如何用二进制进行编码呢？这是本任务应该完成的学习目标。

> **知识点**：数制、二进制的特点、不同数制间的转换方法、ASCII 码、汉字的编码、机内码、字形码

任务准备

1. 观察与认知

观察下列算式，试着进行二进制的展开运算。如图 1-10 所示为汉字字形编码方法，请仔细观察其中的规律。

$(123.12)_{10}=1\times10^2+2\times10^1+3\times10^0+1\times10^{-1}+2\times10^{-2}$

$(1011.101)_2=$ _____ $=($ _____ $)_{10}$

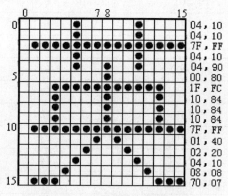

图 1-10 汉字字模点阵及编码

2. 相关知识

（1）数制

数制是用一组固定的数字和一套统一的规则来表示数目的方法。常用的数制如表 1-9 所

示，各数制计数方法对比如表 1-10 所示。

表 1-9 常用的数制

数制	基数	表示数字	规则
十进制（Decimal）	10	0～9	逢十进一
二进制（Binary）	2	0, 1	逢二进一
八进制（Octal）	8	0～7	逢八进一
十六进制（Hexadecimal）	16	0～9、A、B、C、D、E、F	逢十六进一

• 基数：用多少个数字符号来表示数目的大小，就称为该数制的基数，如十进制基数为 10，二进制基数为 2。

• 位权：处在不同位置上的数字所代表的值不同，但一个数字在某个固定位置上所代表的值是确定的，这个固定位置上的值称为位权。位权值等于基数的 N 次幂。

例：

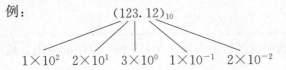

表 1-10 各数制计数方法对比

十进制	二进制	八进制	十六进制
0	0	0	0
1	1	1	1
2	10	2	2
3	11	3	3
4	100	4	4
5	101	5	5
6	110	6	6
7	111	7	7
8	1000	10	8
9	1001	11	9
10	1010	12	A
11	1011	13	B
12	1100	14	C
13	1101	15	D
14	1110	16	E
15	1111	17	F
16	10000	20	10
17	10001	21	11

（2）二进制的优越性

计算机之所以采用二进制，主要是因为二进制的可行性高（电路简单）、简易性强（运算简单）、逻辑性强和可靠性高。

（3）数制间的相互转换方法

• 其他进制数转换为十进制数的方法为按权展开求和。

例如，二进制→十进制

$$(1011.101)_2 = 1 \times 2^3 + 0 \times 2^2 + 1 \times 2^1 + 1 \times 2^0 + 1 \times 2^{-1} + 0 \times 2^{-2} + 1 \times 2^{-3}$$
$$= 8 + 2 + 1 + 0.5 + 0.125$$
$$= (11.625)_{10}$$

• 十进制数转换为其他进制数的方法为整数部分，除基数取余；小数部分，乘基数取整。

例如，十进制→二进制

$$(215.6875)_{10} = (11010111.1011)_2$$

2	215	余 1
2	107	余 1
2	53	余 1
2	26	余 0
2	13	余 1
2	6	余 0
2	3	余 1
2	1	余 1
	0	

低位 ↑ 高位

（4）汉字的编码

• 国标码：是指我国 1980 年公布的"信息交换汉字编码字符集"，代号为"GB2312-80"。国标码规定一个汉字用两个字节表示，每字节只用低七位，最高位为 0。

两种汉字字符集如下。

① 国标码字符集 GB2312-80：该字符集收录了 6763 个常用汉字，其中一级汉字 3755 个，二级汉字 3008 个。另外还收录了各种符号 682 个，合计 7445 个。

② GBK 汉字集：GBK 即汉字扩充内码规范，又称大字符集，一共收录了 20900 个汉字。在 Windows 简体中文版中，又增加了 101 个补充字，一共有 21001 个字。

• 机内码：在计算机内表示汉字的代码是汉字机内码，汉字机内码由国标码演化而来，把表示国标码的两个字节的最高位分别加"1"，就变成汉字机内码。

例如，"大"字国标码为：$(3473)_{16}$（0011010001110011）$_2$

　　　　机内码为：$(B4F3)_{16}$（1011010011110011）$_2$

• 输入码：汉字输入码是指直接从键盘输入的各种汉字输入方法的编码，属于外码。

• 输出码（字形点阵码）：用点阵方式来构造汉字字形，然后存储在计算机内，构成汉字字模库。目的是为了能显示和打印汉字。

（5）ASCII 码

ASCII（American Standard Code For Information Interchange，美国信息交换标准代码）是国际通用英文字符编码。ASCII 码用一个字节表示一个字符，每字节只用低七位，最高位为 0，可表示 $2^7=128$ 字符，详见表 1-12。

任务实施

完成下面几个小任务，学习数制和编码的相关知识。

1. 完成下面的数制转换计算。

（1）$(110110)_2 =$ _____

$= (\qquad)_{10}$

（2）$(143.65)_8 = 1\times8^2+4\times8^1+3\times8^0+6\times8^{-1}+5\times8^{-2}$

$= $ _____

$= (\qquad)_{10}$

（3）$(32CF)_{16} = 3\times16^3+2\times16^2+12\times16^1+15\times16^0$

$= $ _____

$= (\qquad)_{10}$

（4）$(57)_{10} = (\qquad)_2$

2. 上网查找表 1-11 中汉字的国标码，并填出相应的机内码。

表 1-11 国标码与机内码

汉字与中文符号	国标码	机内码
永		
囝		
。		

3. 仔细浏览表 1-12，填写表 1-13 中英文字符的 ASCII 码。

表 1-12 常见 ASCII 码表

$b_6\,b_5\,b_4$ / $b_3\,b_2\,b_1\,b_0$	010	011	100	101	110	111
0000	SP	0	@	P	`	p
0001	!	1	A	Q	a	q
0010	"	2	B	R	b	r
0011	#	3	C	S	c	s
0100	$	4	D	T	d	t
0101	%	5	E	U	e	u
0110	&	6	F	V	f	v
0111	'	7	G	W	g	w

续表

$b_3 b_2 b_1 b_0$ ＼ $b_6 b_5 b_4$	010	011	100	101	110	111
1000	(	8	H	X	h	x
1001	)	9	I	Y	i	y
1010	*	:	J	Z	j	z
1011	+	;	K	[	k	{
1100	,	<	L	\	l	|
1101	-	=	M	]	m	}
1110	•	>	N	^	n	~
1111	/	?	O	—	o	Del

表 1-13　中英文字符的 ASCII 码

英文字符	ASCII 码	英文字符	ASCII 码	英文字符	ASCII 码
A		＋		@	
a		?		5	

任务小结

　　由于计算机采用二进制，因此要想用计算机处理数据就必须将数据用二进制编码，这些数据可以是字符、表格、声音、图像等。计算机中最小数据的单位是位（bit），用 b 表示，就是一个二进制位。计算机数据的基本计量单位是字节（byte），用 B 表示，8 个二进制位为 1 字节，是计算机中表示存储空间的基本单位。字（word）是计算机的数据处理的运算单位，如果你用的 Windows 操作系统是 64 位的，就表示计算机一次能并行处理 64 位二进制数。数据的换算方法如下：

1B＝8bit

1KB＝1024B

1MB＝1024KB

1GB＝1024MB

1TB＝1024GB

思考与练习

1. 想一想为什么 ASCII 码用一个字节，而汉字国标码用两个字节？

2. 想一想我们日常生活中用到过十进制外的其他数制，举几个例子。

项目二 Windows 操作系统

当今社会，计算机无处不在，它已成为人们工作、学习和生活离不开的工具，并且随着社会的发展，正逐步演变成为适用于多领域的信息处理设备。本项目主要介绍计算机操作系统的相关知识。本项目实施安排如表 2-1 所示。

知识目标

了解计算机操作系统常识。

了解不同版本操作系统的异同。

技能目标

根据实际需要对计算机的文件进行相应操作和管理。

熟练使用操作系统中的系统管理工具和软件来对操作系统进行维护和管理。

表 2-1 项目实施安排

序号	任务名称	基本要求	建议课时
任务 1	操作系统基础知识	了解计算机操作系统软件和硬件之间的联系和软件在操作系统下的安装与卸载	1
任务 2	Windows 基础知识	了解 Windows 不同版本操作系统（XP、Win7、Win8）的共性和独有的功能	2
任务 3	Windows 环境下的文件管理	掌握常用文件的只读、隐藏、加密、压缩、删除、恢复，系统日志文件的查看以及修改日志文件存储目录的方法	4
任务 4	Windows 环境下的系统管理	掌握性能监视器、服务、任务计划程序库、事件查看器以及 Direct X 诊断工具的使用方法	2

任务 1 操作系统基础知识

在计算机的使用过程中，不论使用任何软件，都是基于操作系统环境来运行的，因此熟练使用计算机的前提是必须要了解计算机操作系统的定义、基本组成和功能以及分类。

知识点：操作系统的定义、组成、功能、分类、BIOS

任务准备

1. 观察与认知

观察图 2-1，认知图中各操作系统，并尝试填写对应名称。

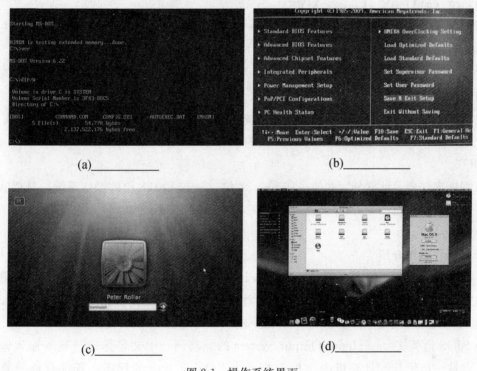

(a)_____   (b)_____

(c)_____   (d)_____

图 2-1 操作系统界面

2. 相关知识

（1）操作系统定义

操作系统（简称 OS）是用户和计算机的接口，同时也是计算机硬件和其他软件的接口，是管理和控制计算机硬件与软件资源的计算机程序。

（2）操作系统组成

操作系统主要由驱动程序、内核、接口库、外围 4 大部分组成。

（3）操作系统功能

操作系统的功能主要包括管理计算机系统的硬件、软件及数据资源，控制程序运行，改善人机界面，为其他应用软件提供支持，让计算机系统所有资源最大限度地发挥作用，提供各种形式的用户界面，使用户有一个好的工作环境，为其他软件的开发提供必要的服务和相应的接口。

（4）操作系统分类

操作系统可以根据以下七种方式进行分类。

• 根据安装设备的不同分为智能卡操作系统、实时操作系统、传感器节点操作系统、嵌入式操作系统、个人计算机操作系统、多处理器操作系统、网络操作系统和大型机操作系统。

• 根据应用领域分为桌面操作系统、服务器操作系统和嵌入式操作系统。

• 根据所支持的用户数分为单用户操作系统（如 MS-DOS、OS/2、Windows）和多用户操作系统（如 UNIX、Linux、MVS）。

• 根据源码开放程度分为开源操作系统（如 Linux、FreeBSD）和闭源操作系统（如 Mac OS X、Windows）。

• 根据硬件结构分为网络操作系统（NetWare、Windows NT、OS/2 Warp）、多媒体操作系统（Amiga）和分布式操作系统等。

• 根据操作系统环境分为批处理操作系统（如 MVX、DOS/VSE）、分时操作系统（如 Linux、UNIX、XENIX、Mac OS X）和实时操作系统（如 iEMX、VRTX、RTOS，Windows RT）。

• 根据存储器寻址宽分为 8 位、16 位、32 位、64 位和 128 位的操作系统。早期的操作系统一般只支持 8 位和 16 位存储器寻址宽度，现代的操作系统如 Linux 和 Windows 7 都支持 32 位和 64 位。

（5）操作系统介绍

• DOS 是磁盘操作系统的简称，是个人计算机上的一类操作系统，它直接操纵管理硬盘的文件，一般都是黑底白色文字的界面。计算机最原始的操作系统就是 DOS，输入 DOS 命令运行，其他应用程序都是在 DOS 界面下输入 EXE 或 BAT 文件运行。

• BIOS 是英文 Basic Input Output System 的缩略词，中文名称是"基本输入输出系统"。它是一组固化到计算机内主板上的一个 ROM 芯片上的程序，其保存着计算机最重要的基本输入输出程序、开机后自检程序和系统自启动程序，它可从 CMOS 中读写系统设置的具体信息。BIOS 的主要功能是为计算机提供最底层、最直接的硬件设置和控制。当今，此系统已成为一些病毒木马攻击的目标。一旦此系统被破坏，其后果不堪设想。

• Windows 操作系统是美国微软公司研发的一套操作系统，采用了图形化模式 GUI，相比以前的 DOS 需要输入指令使用的方式更为人性化。

• Mac 操作系统是一套运行于苹果 Macintosh 系列计算机上的操作系统。Mac OS 是首个成功应用于商用领域的图形用户界面操作系统。

任务实施

体验与探索：请同学们根据上面的知识，尝试完成下面的练习。

1. 根据上面讲述的操作系统的相关知识，尝试填写表 2-2 的内容。

表 2-2　操作系统的分类

操作系统分类方式	操作系统分类

2. 根据上面的相关知识，请同学们列举你所知道的操作系统有哪些。

3. 下面体验一下进入 BIOS 的过程，具体操作如下：

按主机上的电源键，观察显示器，当出现 "Press DEL to enter EFI BIOS SETUP" 的提示时，按键盘上的 Del 键，如图 2-2 所示，计算机会进入到 BIOS 系统界面。

图 2-2　Del 删除键

任务小结

1. 典型的操作系统如表 2-3 所示。

表 2-3　典型操作系统

名称	介　绍
UNIX	UNIX 是一个强大的多用户、多任务操作系统，支持多种处理器架构，按照操作系统的分类，属于分时操作系统。UNIX 最早由 Ken Thompson 和 Dennis Ritchie 于 1969 年在美国 AT&T 的贝尔实验室开发
Linux	Linux 操作系统是 1991 年推出的一个多用户、多任务的操作系统，它与 UNIX 完全兼容。Linux 最初是由芬兰赫尔辛基大学计算机系学生 Linus Torvalds 在基于 UNIX 的基础上开发的一个操作系统的内核程序，Linux 的设计是为了在 Intel 微处理器上能更有效地运用。其后在 Richard Stallman 的建议下以 GNU 通用公共许可证发布，成为自由软件 UNIX 变种

名称	介　绍
Mac OS X	Mac OS 是一套运行于苹果 Macintosh 系列计算机上的操作系统，是首个成功应用于商用领域的图形用户界面。Mac OS X 于 2001 年首次在商场上推出
Windows	Windows 是由微软公司开发的一个多任务的操作系统，它采用图形窗口界面，用户对计算机的各种复杂操作只需通过单击鼠标就可以实现
iOS	iOS 操作系统是由苹果公司开发的手持设备操作系统。iOS 与苹果的 Mac OS X 操作系统一样，也是以 Darwin 为基础的，因此同样属于类 UNIX 的商业操作系统
Android	Android 是一款以 Linux 为基础的开放源代码操作系统，主要使用于便携设备。Android 操作系统最初由 Andy Rubin 开发，最初主要支持手机。2005 年被谷歌收购注资，并组建开放手机联盟开发改良，逐渐扩展到平板电脑及其他领域上
WP	Windows Phone（简称 WP）是微软发布的一款手机操作系统，它将微软旗下的 Xbox Live 游戏、Xbox Music 音乐与独特的视频体验集成至手机中
Chrome OS	Chrome OS 是由谷歌开发的一款基于 Linux 的操作系统，发展成为与互联网紧密结合的云操作系统，工作时运行 Web 应用程序

2. 常见的进入 BIOS 系统的方法如表 2-4 所示。

表 2-4　进入 BIOS 系统的方法

名称	方法
Award BIOS	按 Del 键
AMI BIOS	按 Del 或 Esc 键
Phoenix BIOS	按 F2 键
ACER	按 Del 键

思考与练习

1. 请阐述计算机操作系统中的单用户和多用户操作系统的区别。

2. 举例说明 DOS 操作系统、Windows 操作系统以及 Mac 操作系统的区别。

3. 请阐述手机操作系统和计算机操作系统的区别。

任务 2　Windows 基础知识

在任务 1 中主要介绍了操作系统的定义和功能，在这些操作系统中，主流的计算机操作系统是微软的 Windows 操作系统。而 Windows 操作系统从诞生至今，已经迭代更新了多个版本，在本任务中，将通过 3 个最常见的 Windows 操作系统（XP、Win 7、Win 8）来进一步了解 Windows 操作系统及这 3 个版本的异同。

知识点：界面要素、窗口、开始菜单、添加/删除程序、任务栏、系统托盘、小工具

任务准备

1. 观察与认知

（1）观察图 2-3 的 Windows 操作系统界面，认知图中的 Windows 操作系统。

(a) Windows XP   (b) Windows 7

(c) Windows 8

图 2-3　Windows 操作系统版本

（2）观察图 2-4，尝试填写出 Windows 的界面要素。

图 2-4　Windows 操作系统界面要素

2. 相关知识

Windows XP 是微软公司（Microsoft）推出的供个人计算机使用的操作系统。其名字"XP" 是 experience（体验）的意思，是继 Windows 2000 及 Windows ME、9X 之后的下一代 Windows 操作系统，也是微软首个面向消费者且使用 Windows NT 5.1 架构的操作系统，现已退役。

Windows 7 的内核版本号为 Windows NT 6.1。2015 年 1 月 13 日，微软正式终止了对 Windows 7 的主流支持，但仍然继续为 Windows 7 提供安全补丁支持，直到 2020 年 1 月 14 日正式结束对 Windows 7 的所有技术支持。2015 年，微软宣布，自 2015 年 7 月 29 日起一年内，除企业版外，所有版本的 Windows 7 SP1 均可以免费升级至 Windows 10，升级后的系统将永久免费。

Windows 8 是继 Windows 7 之后的新一代视窗操作系统，Windows 8 的变化几乎是颠覆性的。系统界面上，Windows 8 采用全新的 Modern UI 界面，各种程序以动态方块的样式呈现；操作上，大幅改变以往的操作逻辑，提供更佳的屏幕触控支持，同时启动速度更快、占用内存更少、工作环境更加高效易行；硬件兼容上，Windows 8 支持来自 Intel、AMD 和 ARM 的芯片架构，被应用于台式机、笔记本、平板电脑上，同时 Windows Phone 8 采用了和 Windows 8 相同的 NT 内核，使 PC、手机系统之间的应用开发工作得到统一。

任务实施

体验与探索：下面通过对 Windows XP、Windows 7、Windows 8 系统版本的实际操作来分别体会这 3 个 Windows 操作系统的异同。

1. 体验 3 个系统版本的"开始"菜单功能

具体操作如下：

（1）分别在 Windows XP、Windows 7 系统的桌面上，单击"开始"图标，即可打开如图 2-5 所示的"开始"菜单。

图 2-5　Windows XP 和 Windows 7 开始菜单

（2）在 Windows 8 系统的桌面上，双击"计算机"图标，在打开的对话框中选择"查看"选项卡，选中"隐藏的项目"复选框，如图 2-6 所示。

图 2-6　显示隐藏文件

（3）回到系统桌面，在任务栏处右击，选择"工具栏"→"新建工具栏"命令，如图 2-7 所示。

（4）在打开的窗口中输入"C：\ ProgramData \ Microsoft \ Windows"路径，选择"开始菜单"命令，单击"确定"按钮。

图 2-7　选择"开始菜单"

（5）此时任务栏下方就会出现一个"开始菜单"选项，通过这里就可以找到所有安装的程序以及相应文件夹。

注意：Windows 8 系统由于采用的是全新的 Modern UI 界面，因此想在 Windows 8 上显示开始菜单，需要借助一系列的设置才能将其调出。

2. 体验 3 个系统版本的"添加/删除程序"功能

具体操作如下：

（1）在 Windows XP 系统的桌面上，依次选择"开始"→"控制面板"→"添加/删除程序"命令，打开如图 2-8（a）所示的"添加或删除程序"界面。

（2）在 Windows 7 系统的桌面上，依次选择"开始"→"控制面板"→"卸载程序"命令，打开如图 2-8（b）所示的"卸载或更改程序"界面。

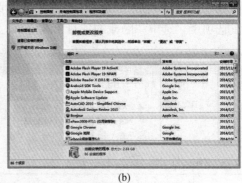

(a)　　　　　　　　　　　　　　　　(b)

图 2-8　Windows XP 和 Windows 7 添加/删除程序

（3）在 Windows 8 系统上把光标移到屏幕的左下角，右击，选择"控制面板"→"卸载程序"命令如图 2-9 所示。

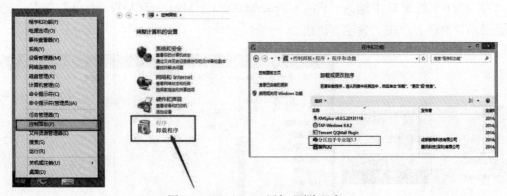

图 2-9　Windows 8 添加/删除程序

3. 体验 3 个系统版本的"任务栏"功能

具体操作如下：

分别在 Windows XP、Windows 7、Windows 8 系统的桌面上，右击"任务栏"，在打开的菜单中选择"属性"命令，即可打开如图 2-10 所示的"任务栏和开始菜单属性"或"任务栏属性"界面。

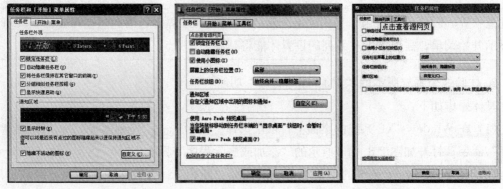

图 2-10　Windows XP、Windows 7 和 Windows 8 任务栏属性

4. 体验 3 个系统版本的"系统托盘"功能（图 2-11）

具体操作如下：

（1）在 Windows XP 系统的桌面上，移动光标至任务栏右边"显示隐藏图标"按钮上，单击鼠标左键，系统托盘展开，并显示所有当前运行的程序。

（2）在 Windows 7 系统的桌面上，移动光标至任务栏右边"显示隐藏图标"按钮上，单击鼠标左键，系统托盘向上弹出，并显示所有当前运行的程序。

（3）在 Windows 8 系统的桌面上，移动光标至任务栏右边"显示隐藏图标"按钮上，单击鼠标左键，系统托盘向上弹出，并显示所有当前运行的程序。

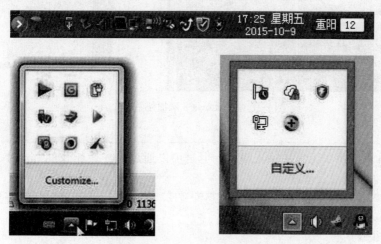

图 2-11　Windows XP、Windows 7 和 Windows 8 系统托盘

5. 体验 3 个系统版本的"桌面小工具"功能

桌面小工具从 Windows 7 开始产生，Windows XP 系统不具备，因此这里只介绍 Windows 7、Windows 8 这两个操作系统上桌面小工具的不同，具体操作如下：

（1）在 Windows 7 系统的桌面上，右击桌面的空白处，在打开的菜单中选择"小工具"命令，即可打开含有多种小工具的面板，如图 2-12 所示。

图 2-12　Windows 7 小工具

（2）在 Windows 8 系统上，选择"开始"→"运行"命令，打开"运行"对话框，在"打开"文本框中输入"cmd"，单击"确定"按钮，再在打开的程序界面"输入 stikynot"，此时便会在 Windows 8 桌面上出现"便签"的小工具，如图 2-13 所示。

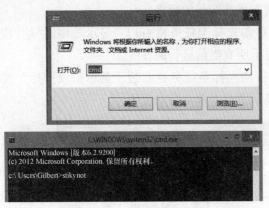

图 2-13　Windows 8 添加便签小工具

> 注意：Win8 系统将小工具功能去除了，但是可以通过上述操作找回部分小工具来进行使用。

任务小结

Windows XP、Windows 7、Windows 8 系统版本的优缺点如表 2-5 所示。

表 2-5　Windows XP、Windows 7、Windows 8 系统优缺点

系统名	优缺点
XP	优点是兼容性强，特别是对老设备和老软件来说，对资源占用小，老机必备
Win 7	Win 7 的优点就是漂亮，界面漂亮加上破解皮肤，操作 Win 7 就像玩游戏一样。和 Win 8 一样，一些驱动也向下兼容，可用 XP 的代替，但稳定性差。毕竟 Win 7 要比 XP 先进，许多界面使用要比 XP 方便得多，比如查看磁盘空间容量、复制文件功能等
Win 8	Win 8 为了平板平台，对资源做了优化，Win 8 的确比 Win 7 要快得多，特别是在配置不高的电脑上，在 XP 淡出市场的时候可以选装 Win 8

思考与练习

1. 请阐述 Windows XP 在哪些方面优于 Windows 7 操作系统。

2. 请尝试使用 Windows 8 系统设置色块化的自定义桌面。

3. 请尝试使用 Windows 8 系统在桌面上创建快捷方式。

任务3 Windows 环境下的文件管理

在计算机的使用过程中，最常用到的就是文件，操作系统中所有的应用程序包括系统本身都是由一个个的文件组成的。在本任务中需要通过对文件进行操作，深入了解 Windows 环境下文件管理的重要性。

知识点：文件、扩展名、文件夹、隐藏文件、回收站、注册表、相对路径、绝对路径、只读、加密压缩、删除与恢复、系统日志

任务准备

1. 观察与认知

（1）观察图 2-14，认知图中的文件、文件夹、后缀名以及软件名称，并了解其功能和用途。

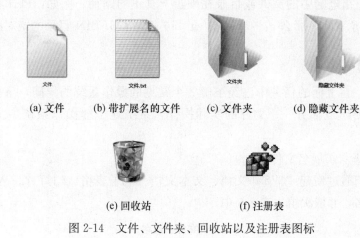

(a) 文件　　(b) 带扩展名的文件　　(c) 文件夹　　(d) 隐藏文件夹

(e) 回收站　　　　(f) 注册表

图 2-14　文件、文件夹、回收站以及注册表图标

（2）观察图 2-15，认知相对路径和绝对路径，并了解其功能和用途。

C:\xyz\test.txt　　　　　　　xyz/test.txt

(a) 绝对路径　　　　　　　(b) 相对路径

图 2-15　相对和绝对路径

2. 相关知识

•计算机文件是指以计算机硬盘为载体存储在计算机上的信息集合。文件可以是文本文档、图片、程序等。文件通常具有 3 个字母的扩展名，用于指示文件类型（如图片文件常常以 JPEG 格式保存并且扩展名为 .jpg）。

•文件扩展名也称为文件的后缀名，是操作系统用来标志文件类型的一种机制。通常，一个扩展名是跟在主文件名后面的，由一个分隔符分隔。在一个像"读我 .txt"的文件名

中，读我是主文件名，txt（文本，全称 Text）为扩展名，表示这个文件被认为是一个纯文本文件。扩展名可以被认为是一个类型的元数据。

• 文件夹是用来协助人们管理计算机文件的，每个文件夹对应一块磁盘空间，提供了指向对应空间的地址，它没有扩展名，也就不像文件的格式用扩展名来标识。但它有几种类型，如文档、图片、相册、音乐、音乐集等。

• 隐藏文件是将计算机中的文件或者文件夹进行隐藏存储的一种方式，被隐藏的文件或文件夹在正常情况下是无法显示和查看的。

• 回收站是微软 Windows 操作系统里的一个系统文件夹，主要用来存放用户临时删除的文档资料，存放在回收站的文件可以恢复。用好和管理好回收站，打造富有个性功能的回收站可以更加方便我们进行日常的文档维护工作。

• 注册表是 Microsoft Windows 中的一个重要的数据库，用于存储系统和应用程序的设置信息。

• 相对路径是指由某个文件所在的路径引起的跟其他文件（或文件夹）的路径关系。使用相对路径可以为我们带来非常多的便利。

• 绝对路径是指电脑中的文件或目录在硬盘上真正的路径。例如，Perl 程序是存放在 c：/apache/cgi-bin 下的，那么 c：/apache/cgi-bin 就是 CGI-BIN 目录的绝对路径。

任务实施

体验与探索：在上面的任务中已经了解 3 个常见的操作系统的异同，下面通过对计算机操作系统的主要组成部分——文件的实际操作，系统地了解操作系统中文件管理的重要性。

1. 通过文件查看扩展名文件

下面请同学们通过新建"Word 文档、文本文档、电子表格、幻灯片、Win RAR 压缩包"来观察扩展名，并依次填入表 2-6 中。

表 2-6 文件扩展名

文件名	扩展名
Word 文档	
文本文档	
电子表格	
幻灯片	
Win RAR 压缩包	

2. 设置文件的只读和隐藏

下面体验一下对文件进行只读和隐藏设置的方法，具体操作如下：

（1）右击文件，在打开的菜单中选择"属性"命令。

（2）打开"属性"对话框，选中"只读"复选框，单击"确定"按钮。

（3）再次打开文件，输入任意内容，如只读文件，单击"关闭"按钮，如图 2-16 所示。

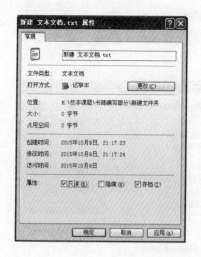

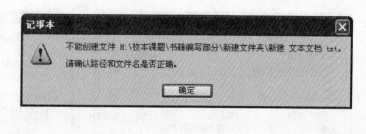

图 2-16　只读文件设置效果

（4）弹出"不能创建文件"的提示框。

（5）右击文件，在打开的菜单中选择"属性"命令，在打开的"属性"对话框中选中"隐藏"复选框，单击"确定"按钮，文件将消失不显示。

（6）在"我的电脑"窗口，选择"工具"→"文件夹选项"→"查看"命令，选中"显示所有文件和文件夹"单选按钮，单击"确定"按钮，即可查看被隐藏的文件，如图 2-17 所示。

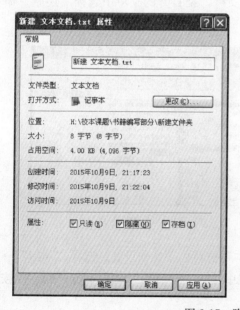

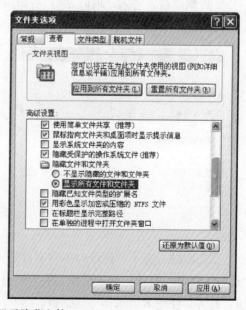

图 2-17　隐藏文件和显示隐藏文件

3. 对文件进行压缩与加密

下面体验一下如何对文件进行压缩和加密，具体操作如下：

（1）右击文件，在打开的菜单中选择"添加到压缩文件"命令，弹出"压缩文件名和参数"对话框如图 2-18（a）所示。

（2）选择"高级"选项卡，然后选中"保存文件安全数据"复选框，单击"设置密码"按钮，如图 2-18（b）所示。

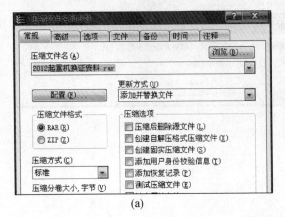
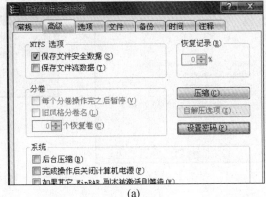

（a）　　　　　　　　　　　　　　（a）

图 2-18　压缩文件和高级选项卡

（3）输入密码后单击"确定"按钮即对文件加密，如图 2-19 所示。

4. 对文件进行删除与恢复

下面体验一下对文件删除后如何进行恢复，具体操作如下：

（1）单击文件，按 Del 键删除。

（2）删除后，进入"回收站"，右击需要恢复的文件，在打开的菜单中选择"还原"命令即可恢复，如图 2-20 所示。

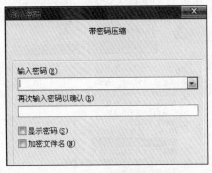
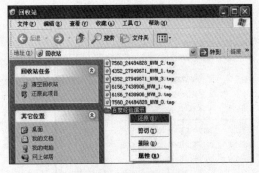

图 2-19　设置密码　　　　　　　　　　图 2-20　回收站还原

当回收站设置了"删除时不将文件放入回收站"可进行以下操作设置。选择"开始"→"运行"命令，打开运行对话框，在"打开"文本框中输入"regedit"之后单击"确定"按钮，打开"注册表编辑器"对话框。

（3）依次选择 HKEY _ LOCAL _ MACHIME→SOFTWARE→Microsoft→Windows→CurrentVersion→Explorer→Desktop→NemeSpace 路径。

（4）右击左边空白处依次选择"新建"→"项"命令，然后把它名字修改为"645FFO40—5081—101B—9F08—00AA002F954E"。

（5）再把右边的"默认"主键的键值设为"回收站"，然后退出重启电脑即可看到之前的文档，如图 2-21 所示。

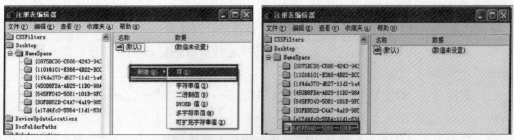

图 2-21　注册表修改

5. 查看日志文件

下面体验一下如何查看日志文件，具体操作如下：

（1）依次双击打开"C 盘"→"Windows"→"system32"→"winevt"→"Logs"文件夹，即可看到日志文件，日志文件的名字叫 SecEvent. Evt，是一种以 Evt 格式为后缀的文件，如图 2-22 所示。

图 2-22　日志文件

（2）选择"开始"→"运行"命令，打开"运行"对话框，在"打开"文本框中输入"Eventvwr. msc"之后单击"确定"按钮，即可查看日志文件信息。

6. 修改系统日志存储目录

下面体验一下如何修改系统日志文件的存储目录，具体操作如下：

（1）选择"开始"→"运行"命令，打开"运行"对话框，在"打开"文本框中输入"regedit"之后单击"确定"按钮。

（2）依次选择 HKEY_LOCAL_MACHINE→SYSTEM→CurrentControlSet→services→eventlog 注册表项。

（3）单击表示要移动的事件日志的子项。例如，单击"Application"，在右侧窗格中双击"File"。

（4）在"数值数据"文本框中输入新位置的完整路径（包括日志文件名），如 e：\eventlogs\appevent. evt，然后单击"确定"按钮，如图 2-23 所示。

图 2-23　数值数据

（5）选择"注册表"菜单上的"文件"→"退出"命令，并重启计算机。

任务小结

1. 不同文件扩展名的功能如表 2-7 所示。

表 2-7　文件功能和扩展名

分类	说明	打开/编辑方式
ddb	Protel 电路原理图文件	Design Explorer 99 SE 打开
doc	Word 文档	微软的 Word 等软件打开
txt	文本文档（纯文本文件）	记事本、网络浏览器等大多数软件
wps	WPS 文字编辑系统文档	金山公司的 WPS 软件打开
xls	Excel 电子表格	微软的 Excel 软件打开
ppt	PowerPoint 演示文稿	微软的 PowerPoint 等软件打开

续表

分类	说明	打开/编辑方式
rar	WinRAR 压缩文件	WinRAR 等打开
html	网络页面文件（标准通用标记语言下的一个应用 html）	网页浏览器、网页编辑器（如 W3CAmaya、FrontPage 等）打开
pdf	可移植文档格式	用 PDF 阅读器打开（如 Acrobat）、用 PDF 编辑器编辑
dwg	CAD 图形文件	AutoCAD 等软件打开
exe	可执行文件、可执行应用程序	Windows 视窗操作系统
jpg	普通图形文件（联合图像专家小组）	打开用各种图形浏览软件、图形编辑器
png	便携式网络图形、一种可透明图片	打开用各种图形浏览软件、图形编辑器
bmp	位图文件	打开用各种图形浏览软件、图形编辑器
swf	Adobe FLASH 影片	Adobe Flash Player 或各种影音播放软件
fla	swf 的源文件	Adobe Flash 打开

思考与练习

1. 请阐述如何查看隐藏文件。

2. 请举例说明对于扩展名是 DLL 的文件用什么程序可以打开查看？

3. 请尝试打开一个没有后缀名的文件。

任务 4 Windows 环境下的系统管理

在任务 3 中介绍了对计算机操作系统中的文件应如何进行管理，在本任务中，需要通过对计算机操作系统中的部分系统工具的实际操作，深入了解 Windows 环境下系统管理的重要性。

知识点：系统工具、Direct X、性能监视器、服务、任务计划、事件查看器

任务准备

1. 观察与认知

观察图 2-24 中的系统程序，认知对应的名称。

2. 相关知识

• Direct X 是这样一组技术，它们旨在使基于 Windows 的计算机成为运行和显示具有丰富多媒体元素（如全色图形、视频、3D 动画和丰富音频）的应用程序的理想平台。Direct X 包括安全和性能更新程序，以及许多涵盖所有技术的新功能。应用程序可以通过使用 Direct X API 来访问这些新功能。

(a) Direct X 诊断工具 　　　　 (b) 性能监视器

(c) 服务 　　　　 (d) 任务计划

(e) 事件查看器

图 2-24　系统工具

•性能监视器在屏幕最顶层浮动显示监控信息，可以监控的项有当前窗口、网络和存储 I/O、CPU 占用。

•服务是 Windows 2000/XP/2003/Vista/7/2008/8/8.1 系统中用来启动、终止并设置 Windows 服务的管理策略，作用是控制计算机系统中的各项服务。

•任务计划在每次启动 Windows XP 的时候启动并在后台运行。使用"任务计划"可以完成的任务有：计划让任务在每天、每星期、每月或某些时刻（如系统启动时）运行；更改任务的计划；停止计划的任务；自定义任务在计划时刻的运行方式。

• 事件查看器是 Microsoft Windows 操作系统工具，它主要记录的是计算机的所有日志记录，并能够以可视化的方式展现出来供用户进行查看。

任务实施

体验与探索：在任务 3 中已经了解 Windows 环境下文件管理的重要性，而要熟练地使用计算机操作系统，还需要系统地了解操作系统中系统工具所具有的功能。

1. Direct X 诊断工具

下面体验一下如何打开 Direct X 诊断工具，具体操作如下：

（1）选择"开始"→"运行"命令，打开"运行"对话框，在"打开"文本框中输入"dxdiag"之后单击"确定"按钮，如图 2-25 所示。

图 2-25 Direct X 诊断工具

（2）分别选择"显示""声音""输入"选项卡可以查看显卡、声卡以及鼠标键盘的连接状态并进行测试。

2. 性能监视器

下面体验一下如何打开性能监视器，具体操作方法如下：

方法一：右击"我的电脑"图标，依次选择"管理"→"性能"→"监视工具"→"性能监视器"命令。

方法二：选择"开始"→"运行"命令，打开"运行"对话框，在"打开"文本框中输入"perfmon"之后单击"确定"按钮，如图 2-26 所示。

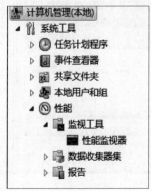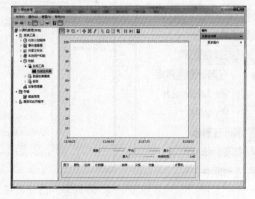

图 2-26 性能监视器

3. 服务

下面体验一下如何打开服务，具体操作方法如下：

方法一：右击"我的电脑"图标，依次选择"管理"→"服务和应用程序"→"服务"命令，如图 2-27 所示。

方法二：选择"开始"→"运行"命令，打开"运行"对话框，在"打开"文本框中输入"services. msc"之后单击"确定"按钮。

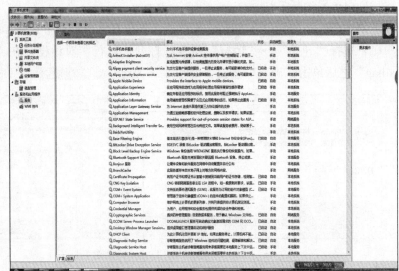

图 2-27　服务

4. 任务计划

下面体验一下如何打开任务计划，具体操作如下：

右击"我的电脑"图标，依次选择"管理"→"任务计划程序"命令，如图 2-28 所示。

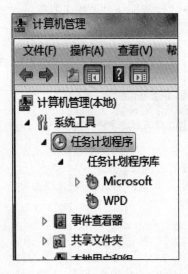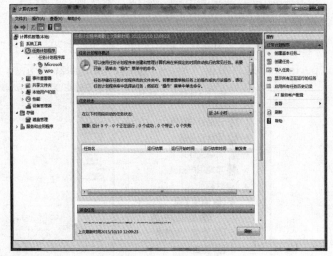

图 2-28　任务计划

5. 事件查看器

下面体验一下如何打开事件查看器，具体操作方法如下：

方法一：右击"我的电脑"图标，依次选择"管理"→"事件查看器"命令，如图 2-29 所示。

方法二：选择"开始"→"运行"命令，打开"运行"对话框，在"打开"文本框中输入"eventvwr"之后单击"确定"按钮。

方法三：依次选择"开始"→"控制面板"→"管理工具"→"事件查看器"命令，打开事件查看器窗口。

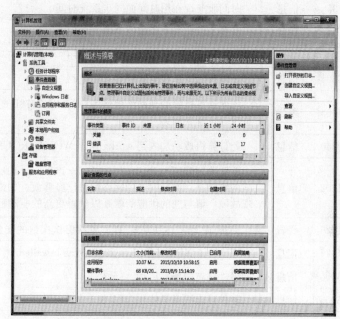

图 2-29　事件查看器

任务小结

事件查看器常见 ID 如表 2-8 所示。

表 2-8　事件查看器常见 ID

ID	类型	解释
2	信息	在验证 \ Device \ Serial1 是否是串行口时，系统检测到先进先出方式（fifo），将使用该方式
17	错误	时间提供程序 NtpClient：在 DNS 查询手动配置的对等机器时发生一个错误。Ntp-Client：将在 15 分钟内重试 NDS 查询。错误为套接字操作尝试一个无法连接的主机。（0x80072751）
20	警告	已经添加或更新 Windows NT x86 Version-3 的打印机驱动程序 Canon PIXMA iP1000。文件：-CNMDR6e. DLL，CNMUI6e. DLL，CNMCP6e. DLL，CNMMH6e. HLP，CNMD56e. DLL，CNMUR6e. DLL，CNMSR6e. DLL，CNMIN6e. INI，CNMPI6e. DLL，CNMSM6e. EXE，CNMSS6e. SMR，CNMSD6e. EXE，CNMSQ6e. EXE，CNMSH6e. HLP，CNMSH6e

续表

ID	类型	解释
26	信息	弹出应用程序信息"Rsaupd.exe-无法找到组件",没有找到 MFC71.DLL,因此这个应用程序未能启动。重新安装应用程序可能会修复此问题
29	错误	时间服务提供程序 NtpClient 配置为从一个或多个时间源获得时间,但是,没有一个源可以访问。在 14 分钟内不会进行联系时间源的尝试。NtpClient 没有准确时间的时间源
35	信息	时间服务现在用时间源同步系统时间
115	信息	系统还原监视在所有驱动器上启用
116	信息	系统还原监视在所有驱动器上禁用
1001	信息	计算机已经从检测错误后重新启动
1005	警告	您的计算机检测到网络地址为 00E04C47978D 的网卡的 IP 地址已在网络上使用。计算机会自动获取另一个地址
3260	信息	此计算机成功加入到 workgroup 'WORKGROUP'
4202	信息	系统检测到网卡 Realtek...Family PCI Fast Ethernet NIC-数据包计划程序微型端口与网络断开,而且网卡的网络配置已经释放。如果网卡没有断开,这可能意味着它出现故障,请与您的供应商联系以获得更新的驱动程序
4226	警告	TCP/IP 已经达到并发 TCP 连接尝试次数的安全限制
4377	信息	Windows XP Hotfix KB873339 was installed.
6005	信息	事件日志服务已启动。(开机)
6006	信息	事件日志服务已停止。(关机)
6009	信息	按 Ctrl、Alt、Del 键(非正常)关机
6011	信息	此机器的 NetBIOS 名称和 DNS 主机名从 MACHINENAME 更改为 AA
7000	错误	由于下列错误,npkcrypt 服务启动失败:
7031	错误	Eset Service 服务意外终止,这种情况已经出现了 1 次。以下的修正操作将在 0 毫秒内运行:重新启动服务
7035	信息	xxx 服务成功发送一个开始控件
7036	信息	xxx 服务处于运行或停止等状态
8033	信息	由于主浏览器已经停止,浏览器在网络上进行强制性的选举
10000	错误	无法启动 DCOM 服务器。错误:
15007	信息	成功地添加了由 URL 前缀 http://*:2869/ 标识的命名空间的保留
60054	信息	安装程序成功地完成了安装 Windows 内部版本 2600
64002	信息	试图在被保护的系统文件上进行文件替换。为了维护系统稳定,这个文件被还原成原始版本。系统文件的文件版本是 6.5.2600.3497
64008	警告	无法验证受保护的系统文件,原因是 Windows 文件保护中断。请过一会儿使用 SFC 工具验证该文件的完整性

思考与练习

1. 请尝试测试计算机中的显卡对二维和 3D 图像的处理效果。
2. 尝试将主题管理的服务改为手动。
3. 如何在计数器日志中添加一个新的计数器？
4. 请阐述 Windows 系统工具的主要用途。

项目三 商务文档制作

中文版 Word 2010 是由 Microsoft 公司推出的 Microsoft Office 2010 的一个重要组件。它适用于制作各种文档，如书籍、信函、传真、公文、报刊、表格、图表、图形和简历等。Word 文档的制作是现代社会无纸化办公和排版印刷行业中个人必备的一项基本技能，对应用最广泛的无纸化办公来说，关系到工作的成效。本项目主要介绍商务支持的制作方法。本项目实施安排如表 3-1 所示。

知识目标

了解 Word 文字录入与编辑的相关知识。

了解格式设置与排版的方法。

了解 Word 中表格制作的方法。

了解在 Word 中插入艺术字、文本框、图片的方法。

技能目标

掌握艺术字、文本框、图片格式的设置方法。

掌握 Word 中表格制作及函数计算方法。

掌握编辑长文档和批量处理文档的方法。

能综合运用图片、艺术字、文本框等解决实际问题。

表 3-1 项目实施安排

序号	任务名称	基本要求	建议课时
任务 1	Word 基础知识	了解界面构成，掌握 Word 基本操作	2
任务 2	文档基本操作	掌握基本格式设置	4
任务 3	图文混排	能综合运用图片、艺术字、文本框等解决实际的高级排版问题	6
任务 4	表格制作	学习软件表格的使用，并掌握表格的格式设计及表格内的数值计算方法	4
任务 5	商务文档编辑	掌握处理长文档和批量处理文档的方法	6

任务 1   Word 基础知识

在日常办公应用中，最基础的办公职业能力就是文字和数据的录入与处理。到公司应聘需要会做应聘书，到公司上班需要接触各种各样的文档。通过本任务的学习同学们要了解 Word 的用途，熟悉 Word 界面，掌握 Word 的基本操作。

知识点：Word 界面要素、Word 的用途、新建、打开、保存、页面设置

任务准备

1. 观察与认知

2003 版用户界面（图 3-1）与 2007 版以后的界面相比区别比较大。Word 2007～2010 提供了新的面向结果的用户界面，在包含命令和功能逻辑组的、面向任务的选项卡上能更轻松地找到各种命令和功能，如图 3-2 所示。

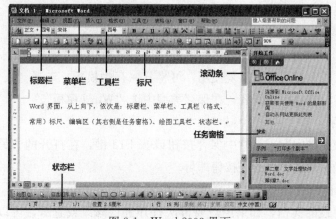

图 3-1   Word 2003 界面

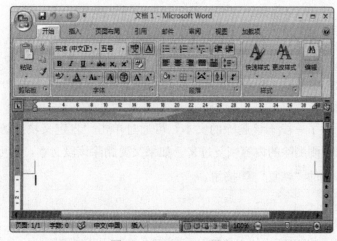

图 3-2   Word 2007 界面

2. 相关知识

（1）Word 的用途

Word 是微软公司开发的 Office 办公套装软件的重要组件之一，是专门用于文字编辑、排版及打印处理的软件。主要用于创建研究报告、商务计划、备忘录、论文、书信等各种类型的文本文件，同时可以在文档中插入编辑图片、表格、数学公式等对象。它具有强大的文字编辑处理、制表、插图等功能，是目前比较流行的文字处理及排版软件。

（2）Word 文档

它是 Word 编辑文本产生的文件，2003 版以前的后缀名为 .doc，2007 版以后的后缀名为 docx，可以设置字体，调整大小，添加表格、图片、封面特效等，是办公必备工具。可以用 WPS 和记事本打开，内容可以借助 Office 软件打印，也可以放在邮件中发送。

（3）Word 2010 基本操作

• 启动与退出

选择"开始"→"所有程序"→Microsoft Office→Microsoft Word 2010 命令，即可启动。而直接单击 Word 程序标题栏右侧的"⊠"按钮，就可退出。

• 文档的创建、保存、打开

① 文档的创建

选择"文件"→"新建"命令，然后单击"空白文档"→"创建"图标。

如果制作的文档今后还需要反复使用，可将其保存为模板。选择"文件"→"另存为"命令，输入文件名，选择保存路径，在保存类型中选"Word 模板"。

② 文档的保存

直接单击"快速访问"工具栏中保存按钮或按 F12 键，在打开的"另存为"对话框中选择文件保存路径后单击"保存"按钮即可。

③ 文档的打开

对于已经保存过的文档，如果用户要再次打开进行修改或查看，可以选择"文件"→"打开"命令，在弹出的"打开"对话框中选择要打开的 Word 文件即可。

• 移动、删除和复制文本

移动文本：选中内容后，直接拖动或者选择"剪切"→"粘贴"命令。

删除文本：选中内容后按 Backspace 退格键、Del 键或 Ctrl+X 组合键。

复制文本：选中内容后，按下 Ctrl 键的同时直接拖动或者选择"复制"→"粘贴"命令。

• 撤销与恢复操作

如果不小心删除了一段不该删除的文本，可通过单击"自定义快速访问工具栏"中的"撤销" 按钮把刚刚删除的内容恢复过来。如果又要删除该段文本，则可以单击"自定义快速访问工具栏"中的"恢复" 按钮。

• 切换视图方式

① 选择"视图"选项卡下的"文档视图"组，如图 3-3 所示。

② 分别单击视图栏视图快捷方式图标，即可选择相应的视图模式，如图 3-4 所示。

图 3-3　"文档视图"组

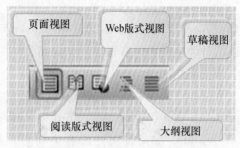

图 3-4　视图快捷方式图标

（4）Word 2010 的视图方式

• 页面视图：按照文档的打印效果显示文档，具有"所见即所得"的效果，在页面视图中，可以直接看到文档的外观、图形、文字、页眉、页脚等在页面的位置，这样，在屏幕上就可以看到文档打印在纸上的样子，常用于对文本、段落、版面或者文档的外观进行修改。

• 阅读版式视图：适合用户查阅文档，用模拟书本阅读的方式让人感觉在翻阅书籍。

• 大纲视图：用于显示、修改或创建文档的大纲，它将所有的标题分级显示出来，层次分明，特别适合多层次文档，使得查看文档的结构变得很容易。

• Web 版式视图：以网页的形式来显示文档中的内容。

• 草稿视图：草稿视图类似之前的 Word 2003 或 2007 中的普通视图，该视图只显示了字体、字号、字形、段落及行间距等最基本的格式，但是将页面的布局简化，适合快速输入或编辑文字并编排文字的格式。

（5）Word 2010 的设置

选择"文件"选项卡下的"选项"命令，可以打开如图 3-5 所示的"Word 选项"对话框，在此可以对 Word 2010 进行设置，如保存文件的版本类型、保存自动恢复信息的时间间隔等。

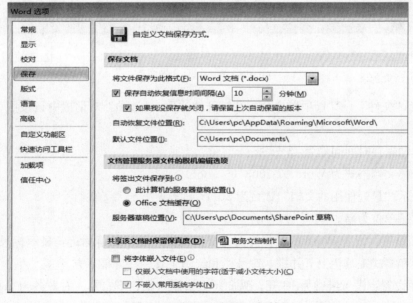

图 3-5　"Word 选项"对话框

注意：Word 2007、Excel 2007 和 PowerPoint 2007 及以后版本都采用了新的文件格式。做出这种改变的原因有很多，如提高文件的安全性、减少文件损坏的概率、减小文件大小、增加新功能等。

　　Word、Excel 和 PowerPoint 改进后的新格式中默认的文件格式末尾有一个"x"，表示 XML 格式。例如，在 Word 中，现在默认情况下文档用扩展名 .docx 进行保存，而不是 .doc。如果将文件保存为模板，则应用同样的规则：在旧的模板扩展名后加上一个"x"。例如，在 Word 中为 .dotx。如果文件中包含代码或宏，则必须保存为支持宏的新文件格式。对于 Word 文档，将转换为 .docm；对于 Word 模板，则为 .dotm。

任务实施

1. 在如图 3-6 所示的 Word 2010 界面中填入界面要素名称。

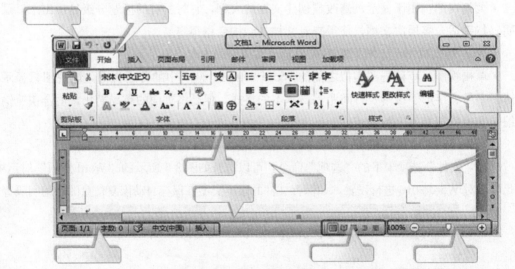

图 3-6　Word 2010 界面

2. 选择"文件"→"选项"命令，在打开的"Word 选项"对话框中请按照下面的要求完成设置。

（1）自动保存时间间隔为 15 分钟。

（2）保存文档格式为 Word 97-2003（*.doc）。

（3）显示"最近使用的文档"数目为 20 个。

（4）度量单位为磅。

3. 界面设置：设置 Word 的操作界面为页面视图，显示段落标记，显示标尺，无网格，常用工具栏和格式工具栏上下并排，符号栏和绘图工具栏在屏幕下方。

4. 页面设置：设置纸型为 16 开，纵向，页边距（上、下、左、右）各为 2cm，页面边框为阴影。

任务小结

Word 2003 界面及文件格式与 Word 2007 和 Word 2010 有很大差别，其体积较小，命令一目了然，版本稳定性强，运行效率高，使用人群广泛。Word 2007 是一个过渡产品，界面上接近 Word 2010，功能上接近 Word 2003。Word 2010 界面华丽，支持的效果很多，自定义功能强大，但其体积较庞大，并且验证方式与以往版本完全不同，很难找到密钥（但可找到激活工具），由于 Windows 7 系统已逐渐广泛应用，本书是以 Office 2010 为主要方向。

思考与练习

1. Microsoft Office 2010 集成组件包括哪些？
2. 关闭 Word 文档和退出 Word 2010 有何区别？
3. 怎样设置文档自动保存时间？
4. 在 Word 2010 用户界面中主要包括哪些选项卡？
5. 怎样定义外观界面的主色调为蓝色？
6. 在 Word 2010 中提供了哪几种视图模式？
7. 编辑文档时，为了看清文字，有时需要将版面显示得大些，怎么操作？

任务 2　文档基本操作

制作日常生活中的通知、信函、海报、公司宣传单等文档时都需先输入文本，然后进行字符和段落格式编排，输入和编排过程中涉及到光标的定位，文本的选定、修改、复制、剪切、删除等基本操作。本任务主要学习这些操作的设置，只有掌握了这些基本功能，才能熟练应用 Word 编排文档。

知识点：文本的选取、查找与替换、字符及段落格式、格式刷

任务准备

1. 选取文本

（1）选取句子

① 选中英文单词或汉语词语：双击某个字母或汉字即可选定该单词或词语。

② 选中一行：将鼠标指针移动到某行的左侧，当光标变成指向右边的箭头时，单击可以选定该行。

③ 选中多行：将鼠标指针移动到某行的左侧，当光标变成一个指向右边的箭头时，向上或向下拖动鼠标可选定多行。

④ 选中一句：按 Ctrl 键，然后单击某句文本的任意位置可选定该句文本。

（2）选中段落

① 方法一：将鼠标移动到某段落的左侧，当光标变成指向右边的箭头时，双击可以选定该段。

② 方法二：在段落的任意位置连击两次（连续按两次左键）可选定整个段落。

（3）选中全部文档

① 方法一：按 Ctrl＋A 组合键。

② 方法二：将鼠标指针移动到文档正文的左侧，当光标变成一个指向右边的箭头时，连击 3 次可以选定整篇文档。

（4）选中任意文字

① 选中矩形块文字：按住 Alt 键拖动鼠标可选定一个矩形块文字。

② 选择不连续文本：选中要选择的第一处文本，再按住 Ctrl 键的同时拖动鼠标依次选中其他文本。

③ 使用键盘选定文本：按 F8 键可切换扩展选取模式，当处于该模式下，插入点起始位置为选择的起始端，移动键盘的方向键可以把它经过的字符选中，当按 End 键，插入点将移到当前行的末尾，同时把插入点原来所在位置到行尾的文本选中。也可使用鼠标选择插入点，将选中起始端到鼠标选择的插入点之间的所有文本选中。按 Esc 键可关闭扩展选取模式。

2. 查找与替换

（1）查找

① 选择要查找的范围，如果不选查找范围，则将对整个文档进行查找。

② 单击"开始"选项卡下"编辑"组中的"查找"按钮，或按 Ctrl＋F 组合键。

③ 打开"查找和替换"对话框，在"查找内容"文本框中输入要查找的关键字，此时系统将自动在选中的文本中进行查找，并将找到的文本以高亮显示，同时，导航窗格包含搜索文本的标题也会高亮显示，如图 3-7 所示。

④ 高级查找

单击"开始"选项卡的"编辑"组中的"查找"旁边的下三角按钮，在弹出的下拉列表中选择"高级查找"命令，如图 3-8 所示。

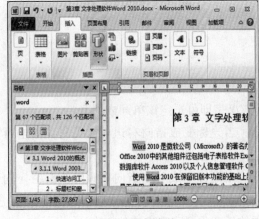

图 3-7　导航窗格

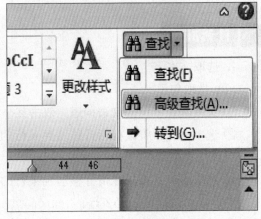

图 3-8　高级查找

（2）替换

单击"开始"选项卡的"编辑"组中的"替换"按钮，弹出如图 3-9 所示的"查找和替换"对话框，选择"替换"选项卡，输入查找内容和替换为的内容即可。

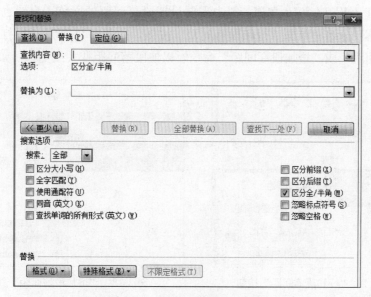

图 3-9　"查找和替换"对话框

3. 字符及段落设置

（1）字符格式设置

"开始"选项卡的"字体"分组中可设置字体、字号、字形等字符格式，如图 3-10 所示。

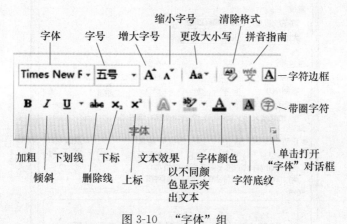

图 3-10　"字体"组

（2）段落格式设置

① 段间距与行间距

行间距是指段落中相邻两行间的间隔距离。段间距是指相邻两段间的间隔距离，段间距包括段前间距和段后间距两种。段前间距是指段落上方的间距量，段后间距是指段落下方的间距量，因此两段间的段间距应该是前一个段落的段后间距与后一个段落的段前间距之和。

在使用 Word 2010 编辑文档的过程中，常常需要设置段落与段落之间的距离。下面就来介绍一下设置段落间距的 3 种方法。

方法一：打开 Word 2010 文档，选中需要设置段落间距的段落，当然也可以选中全部文档。在"段落"分组中单击"行和段落间距"按钮，如图 3-11 所示。在打开的列表中选择"增加段前间距"或"增加段后间距"命令，以使段落间距变大或变小，如图 3-12 所示。

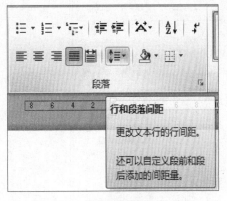
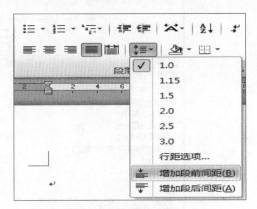

图 3-11 "行和段落间距"按钮   图 3-12 "增加段前间距"命令

方法二：打开 Word 2010 文档，选中特定段落或全部文档。在"段落"组中单击▣按钮。打开如图 3-13 所示的"段落"对话框选择"缩进和间距"选项卡，设置"段前"和"段后"编辑框的数值，并单击"确定"按钮，从而可以设置段落间距。

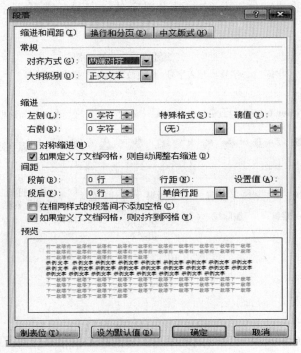

图 3-13 "段落"对话框

方法三：打开 Word 2010 文档，选择"页面布局"选项卡。在"段落"组中设置"段前"和"段后"编辑框的数值，以实现段落间距的调整，如图 3-14 所示。

图 3-14 "段落"分组项

② 段落的对齐方式

"开始"选项卡的"段落"分组中，即可选择相应的对齐方式，如图 3-15 所示。

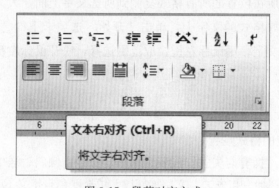

图 3-15 段落对齐方式

- 左对齐：文本靠左边排列，段落左边对齐。
- 居中对齐：文本由中间向两边分布，始终保持文本处在行的中间。
- 右对齐：文本靠右边排列，段落右边对齐。
- 两端对齐：段落中除最后一行以外的文本都均匀地排列在左右边距之间，段落左右两边都对齐。
- 分散对齐：将段落中的所有文本（包括最后一行）都均匀地排列在左右边距之间。

③ 段落缩进

缩进是表示一个段落的首行、左边和右边距离页面左边和右边以及相互之间的距离关系。

缩进方式有以下 4 种。

- 左缩进：段落的左边距离页面左边的距离。
- 右缩进：段落的右边距离页面右边的距离。
- 首行缩进：段落第一行由左缩进位置向内缩进的距离，中文习惯首行缩进两个汉字宽度。
- 悬挂缩进：段落中除第一行以外的其余各行由左缩进位置向内缩进的距离。

在 Word 2010 中，可以设置整个段落向左或者向右缩进一定的字符，这一技巧在排版时会经常使用到。例如，可以在缩进的位置，通过插入文本框来放置其他内容。在 Word 中，可以通过两种方法设置段落缩进。

方法一：

首先选中要设置缩进的段落，右击，在打开的列表中选择"段落"命令，打开"段落"对话框。在"缩进和间距"选项卡下设置段落缩进就可以了。

方法二：

在水平标尺上，有 4 个段落缩进滑块，分别是首行缩进、悬挂缩进、左缩进以及右缩进。按住鼠标左键拖动它们即可完成相应的缩进，如果要精确缩进，可在拖动的同时按住 Alt 键，此时标尺上会出现刻度。

4. 格式刷

格式刷能够将光标所在位置的所有格式复制到所选文字上面，大大减少了排版的重复劳动。先把光标放在设置好格式的文字上，单击"开始"选项卡下的"格式刷"按钮 ，然后选择需要同样格式的文字，用鼠标左键拉取范围选择，松开鼠标左键，相应的格式就会设置好。

任务实施

1. 按要求完成相应的格式设置 。

（1）将第一行标题"拥有与失去"设置为楷体、三号、倾斜、居中、着重号。

（2）将第一行标题"拥有与失去"文字加底纹，填充颜色自定义 RGB（100，100，100）。

（3）将全文（含标题）段落格式设置为首行缩进两字符，行间距固定为 18 磅。

拥有与失去

人生如白驹过隙一样短暂，生命在拥有和失去之间，不经意地流干了。如果你失去了太阳，你还有星光的照耀，失去了金钱，还会得到珍贵的友情，当生命也离开你的时候，你却拥有了大地的亲吻。拥有时，倍加珍惜；失去了，就权当是接受生命真知的考验和坎坷人生奋斗诺言的承付。

这世间，美好的东西数不胜数，我们总是希望得到的太多，让尽可能多的东西为自己所拥有。

---

2. 充分利用 Word 的文字格式和段落格式等排版功能，完成如图 3-16 所示的文本型求职简历的制作。

3. 设置字符的字号、缩放、位置、间距、上标、下标，利用"格式刷"完成如图 3-17 所示的例样。

4. 通知是日常办公中比较常用的一种文档，其文字虽然不多，但当需要经常、大量地制作时，可以用模板来省略相同内容的制作过程。完成如图 3-18 所示"放假通知"的制作。

毕业生个人简历

个人概况

姓名：吕小凡　　　　　　　　　　　性别：女
出生年月：1988年3月3日　　　　　政治面貌：预备党员
毕业院校：北京××职业技术学院　　专业：工业企业管理
联系电话：1380123××××　　　　　电子邮件：lvxiaofan@sina.com
通信地址：北京市东城区××小区×号楼　邮政邮编：123456

英语水平

　　能熟练地进行听、说、读、写。并通过国家英语四级考试。尤其擅长撰写和回复英文商业信函，熟练运用网络查阅相关英文资料并能及时予以翻译。

计算机水平

　　国家计算机等级考试二级，熟悉网络和电子商务。精通办公自动化，熟练操作Office办公套装软件。能独立操作并及时高效地完成日常办公文档的编辑工作。

学习经历总结

　　2007年5月于××化工网站电子商务部门实习。实习期间主要职责是：1.协助网站编辑在互联网查阅国内以及国外的化工信息；2.搜集、整理相关的中英文资料；3.整理和翻译英文资料。

教育背景

　　2004年9月—2007年7月北京××职业技术学院；
　　2001年9月—2004年7月北京市第×中学。

主修课程

　　高等数学、运筹学、预测与决测、市场营销、西方经济学、国际贸易、推销与谈判、计算机销售管理、电子商务。

获奖情况

　　两次获得校二等奖学金，连续两年获得优秀学生干部。

自我评价

　　为人诚实、做事认真、遵守纪律、努力好学、善于合作。

图 3-16　"文本型求职简历"样张

$$12345678909087654321$$

高矮胖瘦

图 3-17　"设置字符"样张

放假通知

根据国务院办公厅通知，2014年国庆节放假安排通知如下：

　　10月1日至7日放假，共7天。其中，10月1日(星期三)、10月2日(星期四)、10月3日(星期五)为国庆节法定节假日，10月4日(星期六)、10月5日(星期天)照常公休。9月28日(星期日)、10月11日(星期六)公休日调至10月6日(星期一)、10月7日(星期二)。9月28日(星期日)、10月11日(星期六)上班。

×××公司

2014年9月25日

图 3-18　"放假通知"模板样张

> **提示：** 所谓模板是保存了文档的基本结构和文档设置的一个特殊文件。任何 Word 文档都是以模板为基础的，一般情况下我们使用的"空白文档"是基于 Normal 模板的，它的设置适用于所有文档。
>
> 　　为了让模板更好用，这里再介绍一下落款中日期的输入方法：选择"插入"→"日期和时间"命令，在打开的对话框中选取需要的日期格式，然后选中"自动更新"复选框，单击"确定"按钮，这样可以让插入的日期随着系统日期自动更新，无论什么时候打开文档，该处自动显示当前的日期。再选择"文件"→"另存为"命令，在打开的"另存为"对话框的"保存类型"下拉列表中选择"Word 模板（*.dotx）"即可。

任务小结

　　排版是进行文字处理的主要任务之一，其主要改变文本的外观，使其规范、美观，如改变文本的字体、段落等。Word 的"所见即所得"特性使我们能直观地看到排版效果。

思考与练习

1. 输入"数学符号""数字序号"的方法有哪些？举例说明。
2. 举例说明选取文本的操作方法有哪些？
3. 举例说明查找替换文字和格式有什么不同？
4. 简要说明"字体"对话框和"段落"对话框的主要内容。

任务3　图文混排

　　Word 中提供了很强的图片处理功能，除了自带的剪辑图库，它还支持很多类型的图形，也可以在文档中绘制图形，从而制作出图文并茂的文档。本任务是学习如何在文档中添加图形、图片，使文档更加清楚、美观，主题更加突出。

知识点：插入图片与剪贴画、绘制图形、文本框、插入艺术字、首字下沉、公式

任务准备

1. 图片与剪贴画

图文混排，首先要在文档中插入图片，然后才能对图片进行编辑、排版等操作。以插入剪贴画为例，具体操作步骤如下：

（1）将插入点移到要插入剪贴画的位置。

（2）选择菜单栏的"插入"→"剪贴画"命令，打开如图 3-19 所示的"剪贴画"任务窗格，选择所需的剪贴画插入即可。

2. 图形文件

Word 中除了可以以剪贴画形式插入图片外，还可

图 3-19 "剪贴画"任务窗格

以直接将图形文件插入到文档中，支持插入扩展名为".bmp""jpg""png""gif"等许多不同格式的图形文件。具体操作方法如下：

① 将插入点移到需要插入图片的位置。

② 单击"插入"选项卡下"插图"组中的"图片"按钮，打开如图 3-20 所示的"插入图片"对话框。

③ 在对话框中选择需要的图形文件，单击"插入"按钮即可。

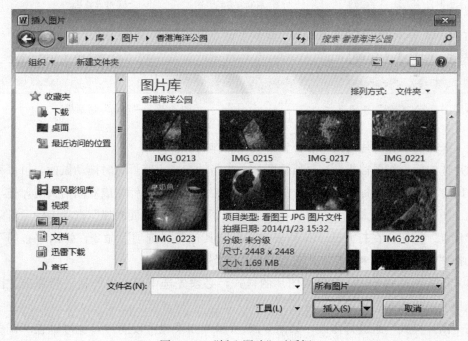

图 3-20 "插入图片"对话框

插入图片后，需要对其进行编辑和格式设置。具体操作如下：

（1）选定图片。对图片操作前，首先要选定图片，被选中的图片四边出现 4 个小方块，对角上出现 4 个小圆点，这些小方块或圆点称为尺寸控点，可以用来调整图片的大小，图片上方有一个绿色的旋转控制点，可以用来旋转图片。

（2）设置文字环绕。环绕是指图片与文本的关系，设置文字环绕时单击"页面布局"选项卡的"排列"组中的"位置"按钮，在打开的如图 3-21 所示的下拉列表中选择"其他布局选项"命令，弹出"布局"对话框，选择"文字环绕"选项卡，然后选择一种适合的文字环绕方式即可。如图 3-22 所示一共有 7 种文字环绕方式，分别为嵌入型、四周型、紧密型、穿越型、上下型、衬于文字下方和浮于文字上方。

图 3-21　"位置"按钮

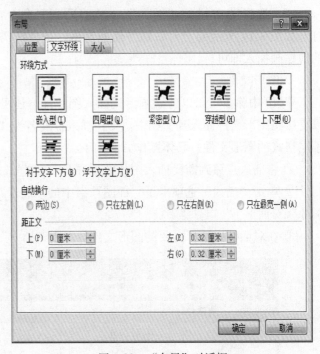

图 3-22　"布局"对话框

接下来需要调整图片的大小和位置，具体操作为：

图片选中后，将鼠标指针移至所选图片，当指针变成十字形状时拖动鼠标，可以移动所选图片的位置，移动鼠标指针到图片的某个尺寸控点上，当指针变成双向箭头时，拖动鼠标可以改变图片的形状和大小。如果想精确调整大小，单击"页面布局"选项卡的"排列"组中的"位置"按钮，在打开的下拉列表中选择"其他布局选项"命令，弹出"布局"对话框，选择"大小"选项卡，在其中进行设置，如图 3-23 所示。

（1）设置图片的样式。要更改图片的样式，必须先选中相应的图片，会弹出"图片工具"选项卡，如图 3-24 所示。

在"图片样式"组进行修改，如图 3-25 所示。如果想重设图片，也可以在"调整"组中单击"重设图片"按钮，如图 3-26 所示。

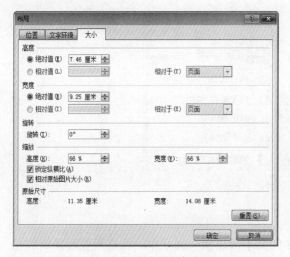

图 3-23　"大小"标签

图 3-24　"图片工具"选项卡

图 3-25　"图片样式"组

图 3-26　"调整"组

（2）裁剪图片。裁剪图片时，先选中相应的图片，在弹出的"图片工具"选项卡的"大小"组中单击其中的"裁剪"按钮，如图 3-27 所示，此时图片上会出现黑色的裁剪控制点即可进行相应裁剪，如图 3-28 所示。

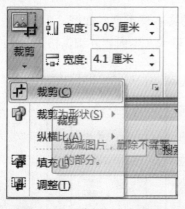

图 3-27　"裁剪"命令按钮

图 3-28　裁剪控制点

（3）旋转图片。在 Word 中还可以根据排版的需求旋转图片。先将鼠标指针移到旋转控制点上，此时指针变成形状，按下鼠标左键，此时指针变成形状，拖动即可旋转图片。如果想要图片精准旋转，可选中图片后，在弹出的"图片工具"选项卡的"排列"组中单击相应按钮即可，如图 3-29 所示。

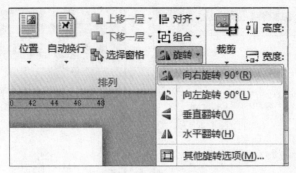

图 3-29　"旋转"按钮

3. 文本框

文本框是储存文本的图形框，对文本框中的文本可以像页面文本一样进行各种编辑和格式设置操作，而同时对整个文本框又可以像对图形、图片等对象一样在页面上进行移动、复制、缩放等操作，并可以建立文本框之间的链接关系。具体操作如下：

（1）将光标定位到要插入文本框的位置，切换到功能区"插入"选项卡。单击"文本"组中的"文本框"按钮，如图 3-30 所示。

图 3-30　"文本框"按钮

（2）在打开的内置文本框面板中选择合适的文本框类型，如图 3-31 所示。此时，在文档中已经插入该样式的文本框，在文本框中可以输入文本内容并编辑格式。

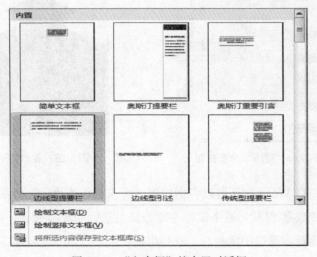

图 3-31　"文本框"的内置对话框

4. 艺术字

Office 中的艺术字结合了文本和图形的特点，能够使文本具有图形的某些属性，如设置旋转、三维、映像等效果，在 Word、Excel、PowerPoint 等 Office 组件中都可以使用艺术字功能。可以在 Word 2010 文档中插入艺术字，具体操作步骤如下：

（1）打开 Word 2010 文档，将插入点光标移动到准备插入艺术字的位置。单击"插入"功能区中"文本"分组中的"艺术字"按钮，并在打开的艺术字预设样式面板中选择合适的艺术字样式，如图 3-32 所示。

（2）选中刚插入的艺术字，此时会弹出一个"绘图工具"选项卡，如图 3-33 所示，用户可以对输入的艺术字分别进行相应的"文本效果"设置，如图 3-34 所示。

图 3-32　艺术字样式

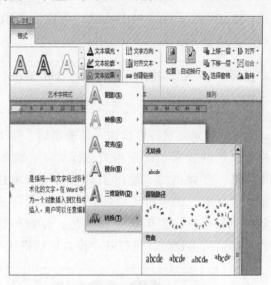

图 3-33　"绘图工具"选项卡

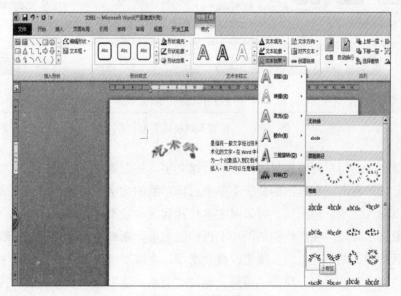

图 3-34　艺术字效果

5. 绘制图形

Word 提供了绘制图形的功能，可以在文档中绘制各种线条、基本图形、箭头、流程图、星、旗帜、标注等。对绘制出来的图形还可以设置线型、线条颜色、文字颜色、图形或文本的填充效果、阴影效果、三维效果等。还可以利用自选图形库提供的丰富的流程图形状和连接符制作各种用途的流程图。

（1）绘制形状。打开 Word 2010 文档，切换到"插入"功能区。在"插图"分组中单击"形状"下三角按钮，在打开的下拉菜单中选择"新建绘图画布"命令，如图 3-35 所示。

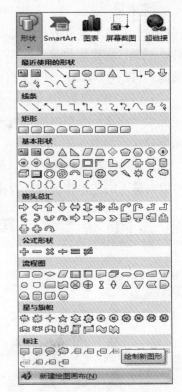

图 3-35　"形状"按钮

提示：也可以不使用画布，而直接在 Word 2010 文档页面中插入形状。

（2）编辑形状。形状插入进来之后，接下来就需要根据文档的要求，设置相关的样式了。此时可以先选中图形，在弹出的"绘图工具"选项卡中选中"形状样式"分组。在这里可以实现更改形状样式、更改形状填充颜色、设置形状轮廓颜色、设置形状效果等操作，如需更多设置，可打开"设置形状格式"对话框，如图 3-36 所示。

图 3-36　"设置形状格式"对话框

（3）添加文字。用户可以为封闭的形状添加文字，并设置文字格式，要添加文字，需要选中相应的形状并右击，在弹出的快捷菜单中选择"添加文字"命令，此时，该形状中出现光标，并可以输入文本，输入后，可以对文本格式和文本效果进行设置。

（4）对象层次关系。在已绘制的图形上再绘制图形，则产生重叠效果，一般先绘制的图形在下面，后绘制的图形在上面。要更改叠放次序，先需要选择要改变叠放次序的对象，选择绘图工具"格式"选项卡，单击"排列"组的"上移一层"或"下移一层"按钮选择本形状的叠放位置，或选择快捷菜单中的"上移一层"或"下移一层"命令，如图 3-37 所示。

（5）对象组合与分解。按住 Shift 键，用鼠标左键依次选中要组合的多个对象。单击"格式"选项卡的"排列"组中"组合"下三角按钮，如图 3-38 所示，在弹出的下拉菜单中选择"组合"命令，或选择快捷菜单中的"组合"下的"组合"命令，即可将多个图形组合为一个整体。分解时选中需分解的组合对象后，选择"格式"选项卡，单击"排列"组中"组合"下三角按钮，在弹出的下拉菜单中选择"取消组合"命令，或选择快捷菜单中的"组合"下的"取消组合"命令。

图 3-37　"排列"组

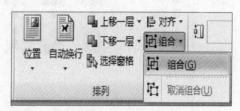

图 3-38　"组合"按钮

6. 插入 SmartArt 图形

SmartArt 图形用来表明对象之间的从属关系、层次关系等。SmartArt 图形分为七类：列表、流程、循环、层次结构、关系、矩阵和棱锥图。用户可以根据自己的需要创建不同的图形。具体操作如下：

（1）打开 Word 2010 文档，切换到"插入"功能区。在"插图"分组中单击 SmartArt 按钮，如图 3-39 所示。

图 3-39　SmartArt 按钮

（2）在打开的"选择 SmartArt 图形"对话框中，单击左侧的类别名称，选择合适的类别，然后在对话框右侧选择需要的 SmartArt 图形，并单击"确定"按钮，如图 3-40 所示。

（3）返回 Word 2010 文档窗口，在插入的 SmartArt 图形中单击文本占位符输入合适的文字即可，如图 3-41 所示。

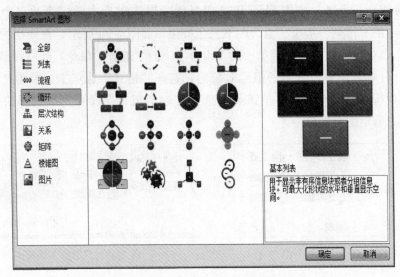

图 3-40 "选择 SmartArt"图形对话框

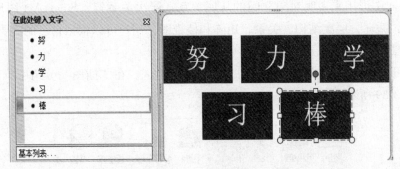

图 3-41 SmartArt 图形中占位符

（4）更改布局，此时一个简单的 SmartArt 图形就已经建立好了。如果还想对图形添加形状、为项目降级，或者是想换一换不同的布局风格，就要切换到 SmartArt 工具中的"设计"中"布局"分组了，如图 3-42 所示。

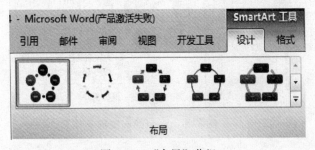

图 3-42 "布局"分组

7. 首字下沉

首字下沉是指将段落首行的第一个字符增大，使其占据两行或多行位置。将光标定位到要使用首字下沉的段落中，然后单击"插入"选项卡的"文本"组中的"首字下沉"按钮，在打开的列表中选择"下沉"选项，如图 3-43 所示。

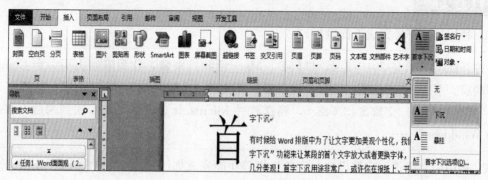

图 3-43 "首字下沉"选项

如果你对默认的下沉设置不满意，可以选择"首字下沉选项"命令，然后在"首字下沉"对话框设置它的字体等选项

8. 公式

Word 2010 提供了编写和编辑公式的内置支持。可以方便地输入复杂的数学公式、化学方程式等。先切换到"插入"选项卡，通过"符号"分组的"公式"按钮即可在文档中插入公式，如图 3-44 所示。

如要输入很多的数学符号，可在图 3-44 所示"符号"分组中，单击"公式"就会出现图 3-45 所示的内置样式了。而想输入一些函数又去哪找呢？其实刚才在鼠标滑动到公式按钮时，细心的读者会看到 **公式 (Alt+=)** 的字眼，对了，这个很管用，如在此时按下键盘上的 Alt＋＋组合键就可以看到如图 3-46 所示的"公式工具"选项卡，在这里可以使用数学符号库构造需要的公式。

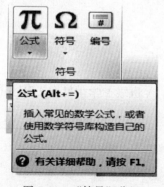

图 3-44 "符号"分组

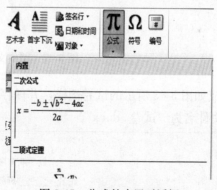

图 3-45 公式的内置对话框

图 3-46 "公式工具"选项卡

任务实施

1. 利用插入符号完成下面例样。

打开📖，今天是 2015/3/6，早晨☽，Mary 给我打来☎，让我陪她去买一台 Compaq-Ⅱ牌的💻。下午☽，气温是＋5℃，我拿着一篇文章《电脑之魂》，来到商店，计算（18＋20）＊5－30/6＝？交款＄13 640.5，赠送软件 Microsoft Office 2010，回到家后，双击🖱启动 Windows 7……

2. 利用中文版式、字符设置、字符边框等功能完成如图 3-47 所示的例样，其中图片可在网上自找一张。

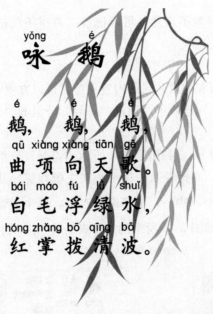

yǒng　　é
咏　　鹅

é　　　é　　　é
鹅，　鹅，　鹅，

qū xiàng xiàng tiān gē
曲 项 向 天 歌。

bái máo fú　lǜ shuǐ
白 毛 浮 绿 水，

hóng zhǎng bō qīng bō
红 掌 拨 清 波。

图 3-47 "中文版式"例样

3. 完成如图 3-48 所示的试卷例样，并保存在"D：\ 班级 \ 学生姓名 \ Word 作业"文件夹中，文件名为"试卷.docx"。

例样：

数学期末考试试卷

姓名_____班级_____成绩

一、选择题。（共 30 分，每小题 10 分）

1. 在函数 $y=\dfrac{1}{\sqrt{x-2}}$ 中，自变量 x 的取值范围是（　　）。

（A）$x=2$　　　（B）$x>2$　　　（C）$x>-2$　　　（D）$x\neq2$

2. 在△ABC 中，∠$C=90°$，如果 $\sin A=\dfrac{3}{5}$，那么 ctg B 的值等于（　　）。

（A）$\dfrac{3}{5}$　　　（B）$\dfrac{5}{4}$　　　（C）$\dfrac{3}{4}$　　　（D）$\dfrac{4}{3}$

3. 如果以 y 轴为对称轴的抛物线 $y=ax^2+bx+c$ 的图像如下图所示,那么代数式 $b+c-a$ 与 0 的关系是(　　)。

（A）$b+c-a=0$　　　　（B）$b+c-a>0$　　　　（C）$b+c-a<0$　　　　（D）不能确定

二、计算题。(本题共 20 分,每小题 10 分)

1. 计算: $\dfrac{1}{\sin 30°}+(\pi-5)^0+\dfrac{2}{\sqrt{2}+1}$。

2. 已知:如下图所示,矩形 $ABCD$ 中,E 为 CD 的中点。求证:$\angle EAB=\angle EBA$。

图 3-48　试卷例样

4. 完成如图 3-49 所示的梅花例样制作,并保存在"D：\ 班级 \ 学生姓名 \ Word 作业"文件夹中,文件名为"梅花 . docx"。

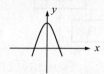
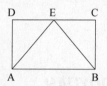

图 3-49　梅花例样

```
提示：
（1）梅花可以用"画图"程序画,再粘贴到文档中,也可以使用现成图片。
（2）用文本框录入诗文,并编辑。
（3）用文本框、绘图工具制作印章。
```

5. 完成如图 3-50 所示的组织结构图例样的制作,并保存在"D：\ 班级 \ 学生姓名 \ Word 作业"文件夹中,文件名为"组织结构 . docx"。

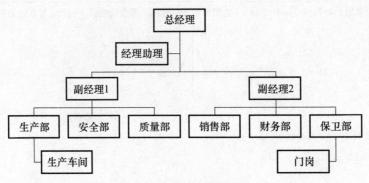

图 3-50　组织结构图例样

6. 完成如图 3-51 所示的名片设计。

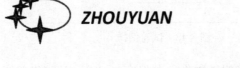

图 3-51　"名片"例样

任务小结

在 Word 2010 中，可通过插入图片、图形、艺术字等来增强文档的排版效果。对于图片可以调整其大小、亮度、对比度和灰度等特性；而图形则可以通过"绘图"工具创建，图形对象包括自选图形、曲线、线条和艺术字等，使用"绘图"工具可以设置图形的颜色、图案、边框、填充、阴影和三维等效果，还可以旋转、组合这些对象。应用图形图像，可以使排版设计更形象。

思考与练习

1. 举例说明插入图片、剪贴画的方法。

2. 在 Word 2010 中系统内置的图形对象有哪几类？

3. 举例说明怎样设置图形、文本框的阴影或三维效果？

4. 举例说明怎样组合图形、改变图形叠放次序？

5. 举例说明创建艺术字、设置形状的操作方法。

6. 怎样创建一个超市商品月销售图表？

7. 创建班级组织结构图。

8. 文本框有哪两种？文本框在排版中的作用是什么？

9. 在插入对象对话框中包括哪些对象类型？

任务 4　表格制作

表格制作是 Word 的主要功能之一。制作表格时，关键是要掌握正确的方法，本任务就是学习制表的基本思路和方法。

> **知识点：** 插入表格、绘制表格、表格设置、公式计算、文字转换为表格

任务准备

1. 创建表格

（1）插入表格

首先将插入点移到要插入表格的位置，然后单击"插入"选项卡的"表格"组中的"表格"按钮，打开如图 3-52 所示的表格样板，在样板上拖动鼠标选定需要的行、列数，同时在样板上方也有表格"行×列"的提示，选定后松开鼠标即可。或在打开的列表中选择"插入表格"命令，打开"插入表格"对话框，如图 3-53 所示，在其中的"列数"和"行数"文本框中分别输入表格的列数和行数，然后单击"确定"按钮即可。

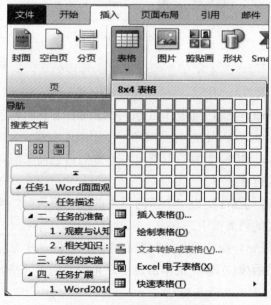

图 3-52　使用网格创建表格

图 3-53　"插入表格"对话框

（2）绘制表格

将插入点移到要插入表格的位置，单击"插入"选项卡的"表格"组中的"表格"按钮，在打开的列表中选择"绘制表格"命令，如图 3-54 所示，打开"表格和边框"工具栏，同时光标变成铅笔形状，根据需要在工具栏的线型、粗细、颜色下拉列表中选择适合的线型、线的粗细和颜色，然后按住鼠标左键在页面上拖动画出表格的外边框，再在边框中画横线、竖线和斜线。在绘制过程中画错了线，可以单击"擦除"按钮，光标变成橡皮形状后沿线条拖动可以擦除线。

（3）插入快速表格

单击"插入"选项卡"表格"组中的"表格"按钮，在弹出的下拉列表中选择"快速表格"命令，在弹出的子选项中选择合适的表格，如图 3-55 所示。

图 3-54　绘制表格

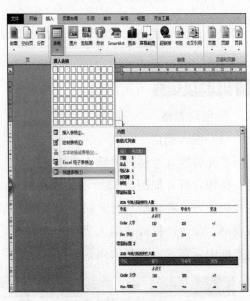

图 3-55　快速表格

2. 编辑表格

（1）选定表格的操作对象

① 选择单元格：将鼠标指针指向单元格的左边，当指针变为一个指向右上方的黑色箭头时，单击可以选定该单元格。

② 选择行：将鼠标指针指向行的左边，当指针变为一个指向右上方的白色箭头时，单击可以选定该行；如拖动鼠标，则拖动过的行被选中。

③ 选择列：将鼠标指针指向列的上方，当指针变为一个指向下方的黑色箭头时，单击可以选定该列；如水平拖动鼠标，则拖动过的列被选中。

④ 选择连续单元格：在单元格上拖动鼠标，拖动的起始位置和终止位置间的单元格被选定；也可单击位于起始位置的单元格，然后按住 Shift 键单击位于终止位置的单元格，起始位置和终止位置间的单元格被选定。

⑤ 选择整个表格：单击表格左上角的表格移动控点"⊞"可选择整个表格。

⑥ 选择不连续单元格：在按住 Ctrl 键的同时拖动鼠标可以在不连续的区域中选择单元格。

（2）移动、复制单元格

对单元格的移动和复制操作也可以通过鼠标拖动或剪贴板来完成。将鼠标指针指向选定的单元格区域，对选定的单元格按下左键拖动鼠标即可；如在拖动过程中按住 Ctrl 键则可以将选定单元格复制到新的位置。

（3）增加行和列

当制作的表格行、列数少于需要数目时，可以使用添加行、添加列的命令添加。具体操作是：先选定与要添加新行或新列相邻的行或列，右击，在打开的下拉菜单中根据需要选择，如图 3-56 所示。在选定时如果选定了多行或多列，则可以一次插入多行或多列，其中插入的数目与所选的数目相同。

（4）删除行、列和表格

删除行：选定要删除的行，右击鼠标，在打开的列表中选择"删除行"命令就可以了，如图 3-57 所示。如果是想删除一列，那么也是先选定要删除的列，右击鼠标，选"删除列"命令。删除行后，被删除行下方的行自动上移；删除列后，被删除列右侧的列自动左移。如果想删除整个表格，则可先单击表格左上角的表格移动控点"⊞"然后右击鼠标，在下拉列表中选择  就可以了。也可以选中后按 Backspace 键。

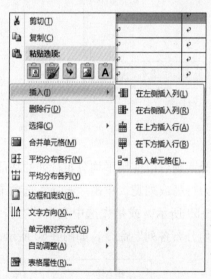

图 3-56　增加行和列

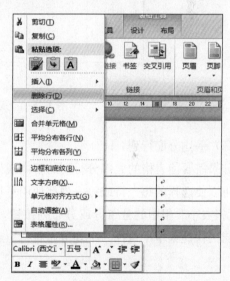

图 3-57　删除行

（5）调整行高和列宽

用工具栏或菜单命令制作的表格是均等的，也可以根据需要自己调整行高、列宽。

方法一：用鼠标拖动表格线。调整行高，将鼠标指针指向水平线，鼠标指针变成垂直的双向箭头；调整列宽，将鼠标指针指向垂直线，鼠标指针变成水平的双向箭头，然后按住鼠标左键拖动，此时看到有一条虚线在动，同时标尺中该线对应的标记也一起移动，将其移动到合适的位置松开鼠标即可。

方法二：用鼠标拖动标尺中表格线标记。当插入点在表格中时，水平标尺和垂直标尺中会显示各竖直线和水平线的线标记，将鼠标指针指向该标记拖动也可以改变行高和列宽。

方法三：使用表格菜单。将插入点移到要改变行高或列宽的单元格，然后右击鼠标，在打开的列表中选择"表格属性"命令，打开如图 3-58 所示"表格属性"对话框。选择"行"选项卡，在这里可以给出具体行高的数值，单击"上一行"或"下一行"按钮还可以设置其他行的行高；选择"列"选项卡，在这里可以给出具体的列宽的数值，单击"前一列"或"后一列"按钮可以设置其他列的列宽。

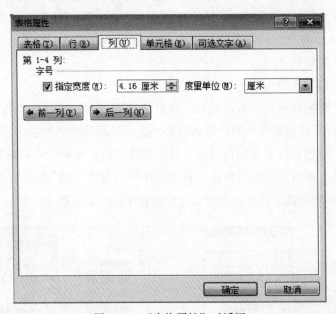

图 3-58　"表格属性"对话框

（6）平均分配行列

如果需要使表格的大部分行列的行高或列宽相等，则可以使用平均分布行列的功能。该功能可以使选择的每一行或每一列都使用平均值作为行高或列宽。单击"布局"选项卡中的"单元格大小"组中的分布行或分布列按钮，如图 3-59 所示。或是先选中表格，右击鼠标，在弹出的快捷菜单中选择"平均分布各行"或"平均分布各列"命令，如图 3-60 所示。

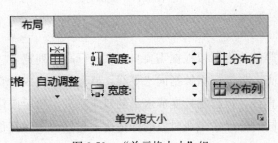

图 3-59　"单元格大小"组

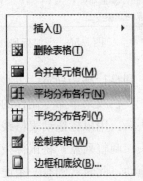

图 3-60　"平均分布各行"命令

（7）绘制斜线表头

斜线表头是指使用斜线将一个单元格分隔成多个区域，然后在每一个区域中输入不同的内容。操作步骤为：

选中要绘制斜线表头的单元格，单击"开始"选项卡中的"段落"组中的"下框线"按钮 ，在弹出的下拉列表中选择"斜下框线"或"斜上框线"命令。

（8）标题行重复

如果表格很长，分排在好几页上，则可以指定表格中某行作为标题的行，被指定的行会自动显示在每一页的开始部分，以方便阅读。指定标题行的方法是：选定作为标题的行（必须包括表格的第一行），单击"布局"选项卡的"数据"组中的"重复标题行"按钮即可。

（9）合并和拆分单元格

当需要将多个连续单元格合并为一个单元格时，可使用合并单元格命令。具体的操作为：选定要合并的两个或多个单元格，单击"布局"选项卡的"合并"组中的"合并单元格"按钮；或右击鼠标，在弹出的快捷菜单中选择"合并单元格"命令，如图 3-61 所示。

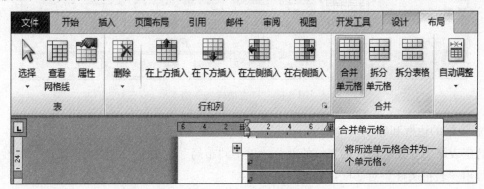

图 3-61　合并单元格

当需要将一个单元格拆分为多个连续单元格时，可使用"拆分单元格"命令。操作步骤为：选定要拆分的一个或多个单元格，单击"布局"选项卡的"合并"组中的"拆分单元格"按钮；或右击鼠标，在弹出的快捷菜单中选择"拆分单元格"命令。在打开的"拆分单元格"对话框中输入需拆分的行数，如图 3-62 所示。

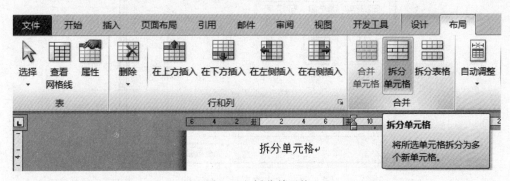

图 3-62　拆分单元格

（10）拆分表格

当需要将一个表格拆分为多个表格时，可使用"拆分表格"命令。操作步骤为：选定要拆分处的行，单击"布局"选项卡的"合并"组中的"拆分表格"按钮，一个表格就从选定行处分成两个表格。

3. 表格设置

（1）格式化

格式化也就是美化表格，改变表格单一细实线的外观，使用不同线型、颜色和宽度的表格线，为表格添加底纹、底色。

① 自动套用样式

Word 为了简化表格的格式化操作，预设了许多表格样式供选择使用。将插入点移到表格中，即可在"设计"选项卡的"表格样式"组中选择自己满意的表格样式，如图 3-63 所示。

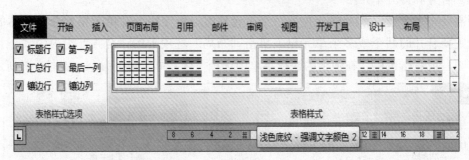

图 3-63　"表格样式"组

② 表格的边框和底纹

选定表格中要设置边框和底纹的部分，单击"布局"选项卡中的"表"组中"属性"按钮，弹出"表格属性"对话框，如图 3-64 所示。

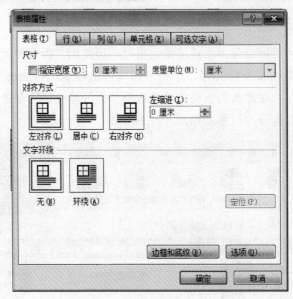

图 3-64　"表格属性"对话框

在该对话框中单击"边框和底纹"按钮，打开如图 3-65 所示的"边框和底纹"对话框，进入相应标签设置即可。

图 3-65　"边框和底纹"对话框

（2）表格与文字相互转换

① 表格转换为文字

Word 可以将文档中的表格内容转换为以逗号、制表符、段落标记或其他指定字符分隔的普通文本。将光标定位在表格，单击"布局"选项卡的"数据"分组下的"转换为文本"按钮，如图 3-66 所示，在弹出的"表格转换成文本"对话框中设置要当作文本分隔符的符号即可，如图 3-67 所示。

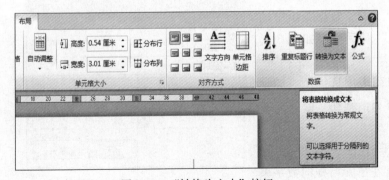

图 3-66　"转换为文本"按钮

图 3-67　"表格转换成
文本"对话框

② 文字转换为表格

如果要把文字转换成表格，文字之间必须用分隔符分开，分隔符可以是段落标记、逗号、制表符或其他特定字符。选定要转换为表格的正文，单击"插入"选项卡"表格"组中的"表格"下三角按钮，在打开的列表中选择"文本转换成表格"命令，如图 3-68 所示，在弹出的如图 3-69 所示的"将文字转换成表格"对话框中设置相应的选项即可。

图 3-68　"文本转换成表格"选项

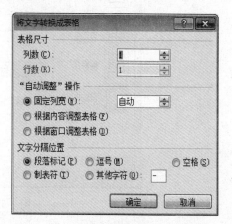

图 3-69　"将文字转换成表格"对话框

4. 表格的数据处理

（1）表格计算

在实际工作中，经常需要对表格的数据进行计算、排序等数据处理工作。简单来说主要操作如下：

① 单击要存入计算结果的单元格。

② 单击"布局"选项卡下的"数据"组中的"公式"按钮，打开"公式"对话框，如图 3-70 所示。

③ 在"粘贴函数"下拉列表中选择所需的计算公式，如"SUM"用来求和，则在"公式"文本框内出现"=SUM（）"。

④ 在"公式"文本框中输入"=SUM（LEFT）"可以自动求出所有左单元格横向数字单元格的和，输入"=SUM（ABOVE）"可以自动求出纵向单元格中数字之和。

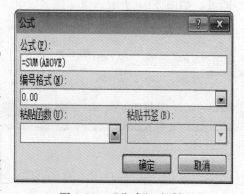

图 3-70　"公式"对话框

（2）表格排序

Word 提供了对表格数据进行自动排序的功能，可以对表格数据按数字、日期、拼音、笔画等顺序进行排序。在排序时，首先选择要排序的单元格区域，然后单击"布局"选项卡的"数据"组中的"排序"按钮，弹出"排序"对话框，在对话框中，可以任意指定排序列，并可对表格进行多重排序，如图 3-71 所示。

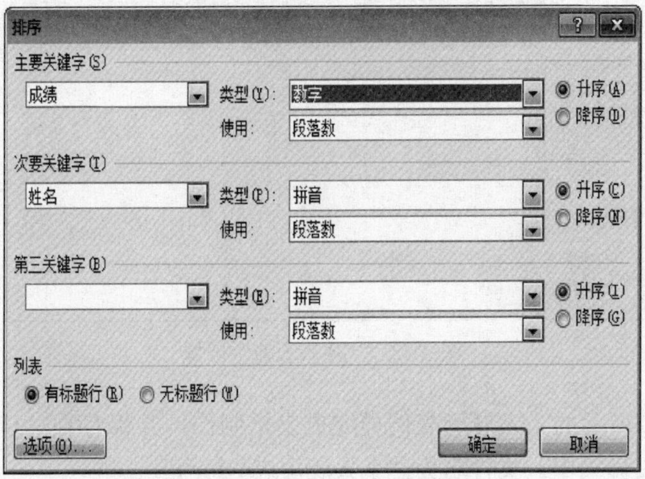

图 3-71　"排序"对话框

（3）常用函数

函数名 ABS：返回输入值的绝对值。例如，函数=ABS（-3）将返回 3。

函数名 AND：允许执行复合的"与"逻辑测试。例如，函数=AND（1=1，2+2=4）将返回 1，因为其中的两个逻辑测试都为真。

函数名 AVERAGE：计算输入值的算术平均值。例如，函数=AVERAGE（1，2，3，4）将返回 2.5。

函数名 COUNT：对输入值计数。例如，函数=COUNT（1，2，3，4，5，6）将返回 6。

函数名 IF：执行逻辑测试，如果测试为真将返回一个结果，而测试为假则返回另一个结果。例如，函数=IF（2+2=4，1，0）将返回值 1，因为 2+2 测试确实等于 4。

函数名 INT：返回值的整数部分。例如，函数=INT（3.5）将返回 3。

函数名 MAX：返回最大的输入值。例如，函数=MAX（1，2，3，4）这 4 个参数中最大的是 4，所以将返回 4。

函数名 MIN：返回最小的输入值。例如，函数=MIN（1，2，3，4）这 4 个参数中最小的是 1，所以返回值 1。

函数名 SUM：求和输入值。例如，函数=SUM（2，2）返回 4。

函数名 TRUE：返回用于真的逻辑值 1。例如，函数=TRUE 将返回 1。

任务实施

1. 熟悉功能区中"插入"选项卡中"表格"分组的区域，"插入表格"区域下各种命令如图 3-72 所示。

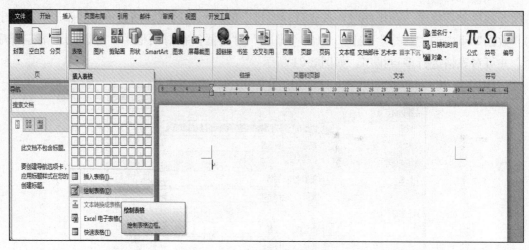

图 3-72　"插入表格"区域

2. 按照图 3-73 所示的个人履历表例样完成表格制作，并保存在"D：\ 班级 \ 学生姓名 \ Word 作业"文件夹中，文件名为"个人履历表 .docx"。

姓名		性别		民族		正面免冠彩色照片
出生年月		籍贯		学历		
单位职务				健康		
何年何月何地参加工作						
何年何月加入中国共产主义青年团						
何时何处何原因受过何种奖励						
何时何处何原因受过何种处分						
单　位鉴　定					（盖　章） 年　月　日	
填表人签名：					年　月　日	
审查部门意见					（盖　章） 年　月　日	

图 3-73　个人履历表例样

3. 按照如图 3-74 所示的工作计划表例样完成表格制作，并保存在"D：\班级\学生姓名\Word作业"文件夹中，文件名为"工作计划表.docx"。

2015 年 9 月工作计划表

日期 内容 部门	2015 年 9 月 1 日—2015 年 9 月 28 日		负责人	执行情况	备注
	工作计划				
	项目说明	完成日期			
生产部	完成全年额定量的 25%	2015.9.28	郑默		
人事部	制订并下发全公司考评的通知；档案材料的收集、立卷工作	2015.9.20	牛鸿雁		
财务部	做好 2015 年财务预算报表	2015.9.22	杨晓霞		
市场部	制定并发放产品客户调查表单，并将汇总结果制作成报告；拟定上半年产品销售计划	2015.9.26	何宝欣		
企划部	制定产品发展远景蓝图，做出今后三年产品发展方向及企业运营方向白皮书	2015.9.18	崔伟		
开发部	做好新产品开发计划书	2015.9.29	刘文		
品管部	按照国家颁布的产品标准，制定产品管理条例	2015.9.17	黄英臣		

图 3-74　工作计划表例样

4. 按照如图 3-75 所示的教师结构工资表例样完成表格制作，并保存在"D：\班级\学生姓名\Word作业"文件夹中，文件名为"教师结构工资表.docx"。

教师结构工资表

项目	姓名	基本工资（元）	结构工资			缴纳税金（元）	实发工资（元）
			课时费（元）	教案费（元）	作业费（元）		
在职教师	张天放	256.00	460.50	48.00	20.00	15.86	512.64
	刘江洋	179.00	640.50	54.50	30.00	21.75	703.25
	李光兆	286.00	345.00	32.00	15.00	11.76	380.24
	平均值	240.33	482.00	44.83	21.67	16.46	532.04
退休教师	姓名	基本工资	实发工资	工资总额：3,041.81			
	钱财旺	722.84	722.84				

图 3-75　教师结构工资表例样

计算要求：

• 结构工资＝课时费＋教案费＋作业费。

• 缴纳税金＝结构工资×3%。

- 实发工资＝基本工资＋结构工资－税金。
- 工资总额＝所有在职和退休教师实发工资总额。
- 求纳税平均值。

5. 按照如图 3-76 所示的月资金预算表例样完成表格制作，要求计算完毕根据计算结果插入图表，将最终完成结果保存在"D：\班级\学生姓名\Word 作业"文件夹中，文件名为"月资金预算表.docx"。

××集团2016年3月资金预算表

编号	日期	收入		支出			余额（元）	备注
		来源	金额（元）	用途	类别	金额（元）		
1	2015-05-1	产品销售	12000.00	员工工资	管理费用	7500.00	4,500.00	
2	2015-05-3	应收帐款	8000.00	差旅费	管理费用	900.00	7,100.00	
3	2015-05-5	劳务收入	9500.00	水电费	管理费用	63.00	9,437.00	
4	2015-05-9	股票投资	10000.00	房租费	管理费用	4500.00	5,500.00	
5	2015-05-15	其他业务	3470.00	通讯费	管理费用	410.00	3,060.00	
6	2015-05-19	长期投资	70010.00	广告费	营业费用	2000.00	68,010.00	
7	2015-05-28	无形资产	5300.00	其他费用	管理费用	300.00	5,000.00	
		收入总计	118,280.00	支出总计		15,673.00	102,607.00	

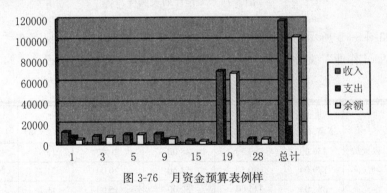

图 3-76　月资金预算表例样

计算要求：
- 收入总计＝sum（ABOVE）。
- 支出总计＝sum（ABOVE）。
- 余额＝收入（金额）－支出（金额），使用单元格标识。
- 余额总计＝收入总计－支出总计，使用书签。

6. 按照如图 3-77 所示的例样输入文字，然后通过"转换"完成表格制作，按"批发价格"降序排序后保存在"D：\班级\学生姓名\Word 作业"文件夹中，文件名为"表格转换.docx"。

手机品牌	型号	城市	零售价格	批发价格
西门子	SL55	上海	￥2860	￥1750
西门子	CL55	北京	￥1650	￥780
西门子	8008	广州	￥1160	￥650
诺基亚	6100	上海	￥2000	￥1200
诺基亚	6610	北京	￥1800	￥1000
诺基亚	3610	广州	￥790	￥550

手机品牌	型号	城市	零售价格	批发价格
西门子	SL55	上海	￥2860	￥1750
诺基亚	6100	上海	￥2000	￥1200
诺基亚	6610	北京	￥1800	￥1000
西门子	CL55	北京	￥1650	￥780
西门子	8008	广州	￥1160	￥650
诺基亚	3610	广州	￥790	￥550

图 3-77　表格转换例样

任务小结

　　表格是制作文档时常用的一种组织文字的形式，如日程表、花名册、成绩单以及各种报表等。使用表格形式会给人以直观、严谨的版面观感。通过学习本任务了解表格的作用，学会表格的设计、掌握表格的制作方法，以及掌握对单元格进行合并及拆分的方法，同时能对表格格式进行相关设置，达到熟练使用表格的基本要求。

思考与练习

　　1. 创建简单表格的方法有哪些？

　　2. 增加、删除表格的操作方法有哪些？

　　3. 行、列或单元格的插入与删除方法有哪些？

　　4. 举例说明怎样对表格设置表线和底纹？

　　5. 使用 Word 对表格中的数据进行排序时，有几种排序方式？

任务5　商务文档编辑

　　样式和模板是 Word 为用户提供的两种提高工作效率的方法，并且在实际工作中经常会需要"批量"制作类似的文档，如需要批量打印信封。这种文档的一部分内容是固定的，另一部分内容是变化的，而 Word 提供的"邮件合并"功能可以很好地完成这种任务。在本任务中主要学习如何正确使用这些方法，以达到事半功倍的效果。

　　知识点：样式、模板、页眉和页脚、索引和目录、大纲视图、主文档、数据源、合并数据和文档、邮件合并、域

任务准备

1. 项目符号和编号

（1）项目符号

单击"开始"选项卡的"段落"分组中的"项目符号"按钮，在打开的如图 3-78 所示的"项目符号库"中选择一个符号即可。如想定义新项目符号，单击"定义新项目符号"按钮，弹出如图 3-79 所示的"定义新项目符号"对话框，选择新的符号，单击"确定"按钮即可。

图 3-78 "项目符号"按钮

图 3-79 "定义新项目符号"对话框

（2）项目编号

单击"开始"选项卡的"段落"组中的"编号"下三角按钮，在打开的"编号库"下拉列表中选择一种编号格式即可，如图 3-80 所示。

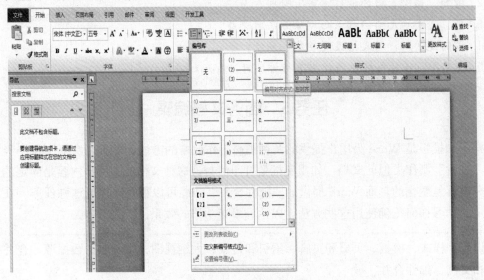

图 3-80 选择编号格式

（3）多级编号列表

单击"开始"选项卡的"段落"组中的"多级列表"按钮，在打开的列表中选择"定义新的多级列表…"命令，在弹出的"定义新多级列表"对话框中设置每一级别的编号具体样式，如图 3-81 所示。例如，第 3 级使用阿拉伯数字"1，2，3"，然后在"输入编号的格式"文本框内为其加上括号，在右栏可以预览效果。

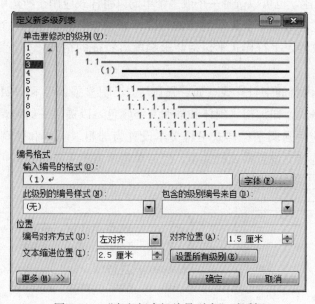

图 3-81　"定义新多级编号列表"对话框

2．Word 中的样式

样式是指一组已经命名的字符和段落格式。它规定了文档中标题、题注以及正文等各个文本元素的格式。Word 提供了多种样式类型：字符、段落和链接样式。

在如图 3-82 所示的"开始"选项卡的"样式"组可以快速从样式库中应用样式。要查看有关每个样式的详细信息，可单击"样式"对话框启动器，这将打开"样式"任务窗格，如图 3-83 所示。

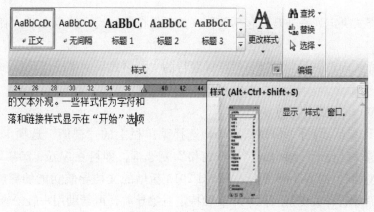

图 3-82　"样式"组

（1）段落样式都标记有一个段落符号：。可以在"快速样式"库中和"样式"任务窗格查看段落符号。单击段落的任意位置以将样式应用于整个段落；字符样式都标记有字符符号：**a**。单击单词中的任意位置以将样式应用于整个单词，也可以选择多个单词以将样式应用于多个单词，链接样式标记有一个段落符号和字符符号：**≛**。单击段落中的任意位置以将样式应用到整个段落，也可以选择一个或多个单词以将样式应用于所选单词。

（2）字符样式包含可应用于文本的格式特征，如字体名称、字号、颜色、加粗、斜体、下划线、边框和底纹等。字符样式不包括会影响段落特征的格式，如行距、文本对齐方式、缩进和制表位。

Word 包括几个内置的字符样式（如"强调""不明显强调"和"明显强调"）。每个内置样式都结合各种格式，如加粗、斜体和强调文字颜色，以提供一组协调的排版设计，如图 3-84 所示。例如，应用强调字符样式可将文本设置为加粗、斜体和强调文字颜色格式。要应用字符样式，可选择要设置格式的文本，然后单击所需的字符样式即可。

图 3-83 "样式"对话框 　　　　　 图 3-84 字符样式

（3）列表样式决定列表外观，包括特征（如项目符号样式或编号方案、缩进和任何标签文本）。

（4）表格样式确定表格的外观，包括标题行的文本格式、网格线以及行和列的强调文字颜色等特征。

3. Office Word 2010 "导航窗口"

运行 Word 2010，打开一份超长文档，选择菜单栏上的"视图"选项卡，切换到"视图"功能区，选中"显示"组中的"导航窗格"复选框，即可在 Word 2010 编辑窗口的左侧打开"导航窗格"，如图 3-85 所示。Word 2010 新增的文档导航功能的导航方式有 4 种：标题导航、页面导航、关键字（词）导航和特定对象导航，可帮助用户轻松查找、定位到想查阅的段落或特定的对象。

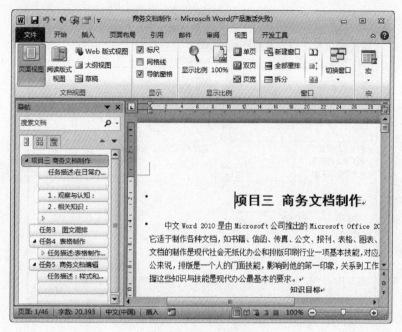

图 3-85 "导航窗格"

4. 目录

制作书籍、写论文、做报告等长文档时，制作目录就很有必要了，如果文档内容发生改变，用户只需要更新目录即可。通过 Word 2010 的自动生成目录功能，可以制作出条理清晰的目录，方法也非常简单。具体操作如下：

（1）单击"开始"选项卡的"样式"分组中右下角的小箭头，打开"样式"窗口。

（2）把光标移动到需要做目录的标题下，输入标题内容，也可以自定义标题的样式，如右击"标题1"，选择"修改"命令，在弹出的"修改样式"对话框中进行修改，接着按照上面的步骤设置标题2、3、4……的内容。

（3）重复上面的操作步骤，继续制作目录。

（4）将光标移动到想创建目录的地方，单击"引用"选项卡中"目录"分组中的"目录"按钮，如图 3-86 所示，在弹出的窗口中单击"自动目录1"或"自动目录2"即可生成目录，也可单击"插入目录"，弹出目录对话框，如图 3-87 所示，如果对文章内容进行了修改，希望相应的目录也修改的话，只需在目录上右击"更新域"即可。

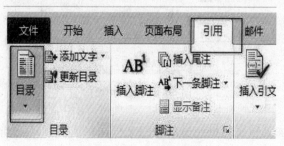

图 3-86 "目录"按钮

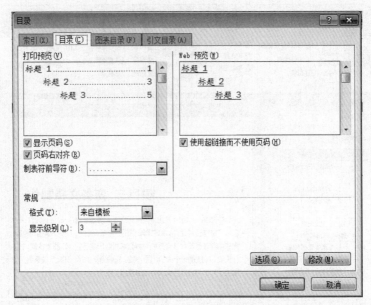

图 3-87 "目录"对话框

（5）选中"视图"选项卡的"显示"组中的"导航窗格"复选框，可以看到导航目录。

> **注意：** 如果目录比较复杂，一定要在制作之前注意目录的层次结构，先列出大纲，列出每一个主标题和副标题，并设置标题的样式，然后设置标题的编号格式，这样大体的目录结构就出来了，写文档的时候也比较清晰。

5. 脚注和尾注

脚注和尾注也是文档的一部分，用于文档正文的补充说明，帮助读者理解全文的内容。

脚注所解释的是本页中的内容，一般用于对文档中较难理解的内容进行说明；尾注是在一篇文档的最后所加的注释，一般用于表明所引用的文献来源。脚注和尾注都由两部分组成，一部分是注释引用标记，另一部分是注释文本。对于引用标记，可以自动进行编号或者创建自定义的标记，如图 3-88 所示。

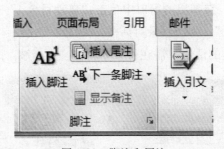

图 3-88 脚注和尾注

批注是审阅者添加到独立的批注窗口中的文档注释或者注解，当审阅者只是评论文档，而不直接修改文档时要插入批注，批注并不影响文档的内容。批注是隐藏的文字，Word 会为每个批注自动赋予不重复的编号和名称。

6. 设置页面格式

（1）插入页眉、页脚与页码

切换到"插入"选项卡，找到"页眉和页脚"分组，单击各功能按钮，如图 3-89～3-91。

图 3-89　"页眉和页脚"分组

图 3-90　页码格式

图 3-91　"页眉与页脚"转换

（2）设置纸张大小

单击"页面布局"选项卡的"页面设置"组中的"纸张大小"按钮，从打开的列表中选择需要的规格即可，如图 3-92 所示。

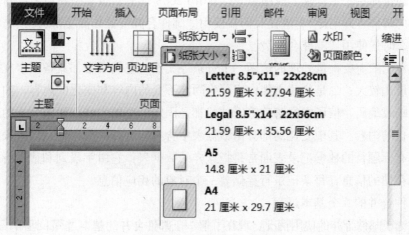

图 3-92　"纸张大小"按钮

（3）设置页边距

单击"页面布局"选项卡的"页面设置"组中的"页边距"按钮，即可从打开的列表中选择相应的页边距，如图 3-93 所示。

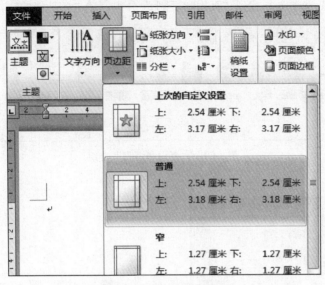

图 3-93　"页边距"按钮

7. 邮件合并

（1）什么是"邮件合并"？为什么要在"合并"前加上"邮件"一词？

其实"邮件合并"这个名称最初是在批量处理"邮件文档"时提出的。具体地说就是在邮件文档（主文档）的固定内容中，合并与发送信息相关的一组通信资料（数据源：如 Excel 表、Access 数据表等），从而批量生成需要的邮件文档，因此大大提高了工作的效率，"邮件合并"因此而得名。

显然，"邮件合并"功能除了可以批量处理信函、信封等与邮件相关的文档外，还可以轻松地批量制作标签、工资条、成绩单等。Word 2003 以上的版本中新增了"邮件合并"任务窗格式的"邮件合并向导"，这让我们在使用"邮件合并"操作时更加方便和容易。

（2）什么时候使用"邮件合并"？

我们最常用的需要批量处理的信函、工资条等文档。它们通常都具备两个规律：一是需要制作的数量比较大；二是这些文档内容分为固定不变的内容和变化的内容，如信封上的寄信人地址和邮政编码，信函中的落款等，这些都是固定不变的内容，而收信人的地址、邮编等就属于变化的内容。其中变化的部分由数据表中含有标题行的数据记录表来表示。

所谓含有标题行的数据记录表通常是指这样的数据表：它由字段列和记录行构成，字段列规定该列存储的信息，每条记录行存储着一个对象的相应信息。

（3）邮件合并的 3 个基本过程

上面讨论了邮件合并的使用情况，现在了解一下邮件合并的基本过程。理解了这 3 个基本过程，就抓住了邮件合并的"纲"，以后就可以有条不紊地运用邮件合并功能解决实际任务了。

① 建立主文档。"主文档"就是前面提到的固定不变的主体内容，如信封中的落款，信函中的对每个收信人都不变的内容等。使用邮件合并之前先建立主文档是一个很好的习惯。一方面可以考查预计中的工作是否适合使用邮件合并，另一方面是主文档的建立为数据源的建立或选择提供了标准和思路。

② 准备好数据源。数据源就是前面提到的含有标题行的数据记录表，其中包含着相关的字段和记录内容。数据源表格可以是 Word、Excel、Access 或 Outlook 中的联系人记录表。

在实际工作中，数据源通常是现成存在的，如要制作大量客户信封，多数情况下，客户信息可能早已被客户经理做成了 Excel 表格，其中含有制作信封需要的"姓名""地址""邮编"等字段。在这种情况下，直接拿过来使用就可以了，而不必重新制作。也就是说，在准备自己建立之前要先考查一下，是否有现成的可用。如果没有现成的则要根据主文档对数据源的要求建立，根据你的习惯使用 Word、Excel、Access 都可以，实际工作时，常常使用Excel 制作。

③ 把数据源合并到主文档中。前面两件事情都做好之后，就可以将数据源中的相应字段合并到主文档的固定内容之中了，表格中的记录行数，决定着主文件生成的份数。整个合并操作过程将利用"邮件合并向导"进行，使用非常轻松容易。

8. 打印文档

"打印预览"里文档在打印前，为预先观看打印效果而显示文档的一种视图。

"打印设置"的方法为：选择"文件"选项卡下的"打印"命令，进入打印设置窗口后，就可以开始进行文档的打印设置了。

任务实施

1. 按照如图 3-94 所示的例样制作办公信纸，并保存在"C：\ Program files \ Microsoft Office \ Templetes"文件夹中，文件名为"信纸 . dotx"。然后关闭该文件，尝试应用该新建模板。

图 3-94 办公信纸例样

2. 利用"现代型信函"模板完成如图 3-95 所示的信函例样制作，并保存在"D：\ 班级\学生姓名\Word 作业"文件夹中，文件名为"信函．docx"。

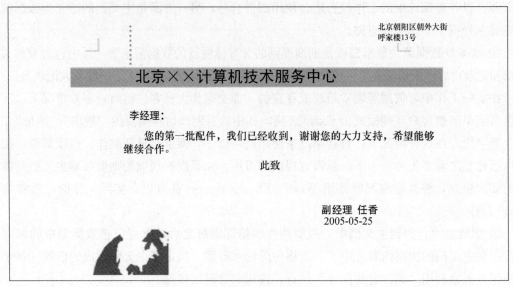

图 3-95　信函例样

3. 使用"样式"模板完成如图 3-96 所示的样式例样，并生成该文档的目录，然后尝试使用"大纲视图"浏览文档，将文档保存在"D：\ 班级\学生姓名\Word 作业"文件夹中，文件名为"样式．docx"。

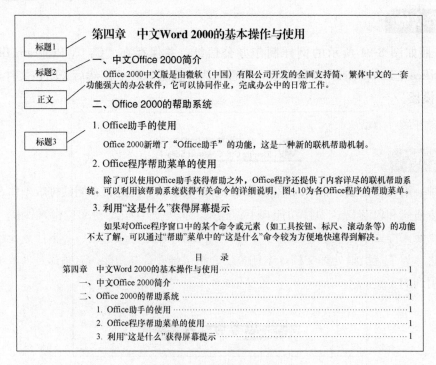

图 3-96　目录样式例样

4. 利用"邮件合并"模板完成如图 3-97 所示的数据源、主文档和标签例样，并将相关的 3 个文件保存在"D：\ 班级 \ 学生姓名 \ Word 作业"文件夹中，文件名分别为"数据源 . docx""主文档 . docx"和"标签 . docx"。

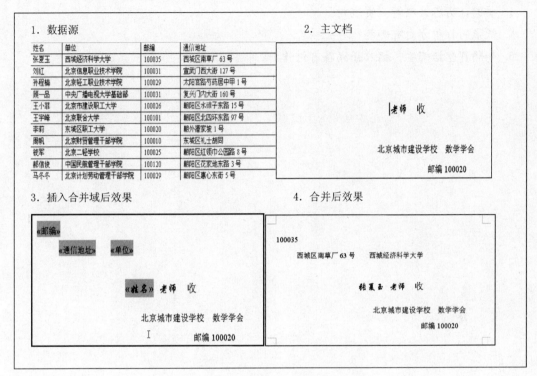

图 3-97　数据源、主文档和标签例样

要求

（1）要按普通信封对主文档进行页面设置。

（2）按例样对主文档和插入域进行字体设置。

（3）合并后存入新文档。

任务小结

在编排一篇长文档或一本书时，需要对许多的文字和段落进行相同的排版工作，如果只是利用字体格式和段落格式编排功能，不但很费时间，而且很难使文档格式保持一致。这时，就需要使用样式来实现这些功能，并且为了准确快速定位文字内容，本任务介绍了目录的生成方法，为了能批量处理文档，本任务还介绍了邮件合并功能。这些都是日常生活、工作中经常用到的。

思考与练习

1. 在 Word 2010 的"邮件"功能区"创建"组中包括哪些项目？简要说明怎样创建这

些项目？

2. 应用 Word 2010 的"邮件"功能制作单个信封和批量信封在操作上有何异同？

3. 纸张大小有哪些规格？怎样自定义纸张大小？

4. 举例说明怎么理解"页边距"。

5. 纸张的打印方向有哪些？

6. 分隔符包括哪些？插入分隔符有何作用？

项目四　电子表格综合应用

Excel 电子表格不仅具有普通的表格处理功能，还具有强大的数据计算能力。Excel 2010作为 Microsoft Office 系列软件中最为优秀的电子表格处理软件，允许使用公式及函数对数值进行计算。公式是对数据进行分析计算的等式，使用公式可以对工作表中的数值进行加、减、乘、除等算术计算和数值统计等计算。在 Excel 中提供了一批预定义的公式，称为函数。公式或函数中引用单元格中的数据被修改后，公式的计算结果也会自动更新，这大大降低了表格设计人员的出错机会，提高了工作效率。本项目通过 5 个任务，让同学们掌握 Excel 电子表格的基本操作。本项目实施安排如表 4-1 所示。

知识目标

掌握 Excel 电子表格的基本概念。

了解较复杂的表格制作方法。

了解公式和函数的计算方法。

了解排序、分类汇总等方法。

技能目标

能够管理 Excel 的工作簿、工作表、单元格。

能够编辑单元格内容、设置单元格格式。

能够使用公式、函数进行计算。

能够对无序的数据记录进行排序、分类汇总。

能够利用自动筛选及高级筛选方式进行查询。

能够根据表格创建、修改图表。

表 4-1　项目实施具体安排

序号	任务名称	基本要求	建议课时
任务 1	Excel 基础知识	了解 Excel 的工作流程，学习 Excel 的工作簿、工作表及单元格的基本构成，在此基础上完成用户自定义 Excel 工作环境界面的设置	4

续表

序号	任务名称	基本要求	建议课时
任务 2	表格格式编辑及数据输入	掌握不同数据类型、数据的输入技巧、填充柄、插入标注建立新文件及工作簿视窗的操作	4
任务 3	公式与函数	利用所提供的函数完成对工作表中的数据进行处理及计算操作	6
任务 4	数据分析与图表的制作	学习常用的数据管理、分析方法，掌握图表创建和修改等操作	6
任务 5	数据综合处理	提高自己的综合能力，特别是解决实际问题的应变能力	4

任务 1　Excel 基础知识

在本任务中首先要了解 Excel 的工作流程，学习 Excel 中工作表及单元格的基本构成，在此基础上完成用户自定义 Excel 工作环境界面的设置。

知识点：Excel 界面要素、工作簿、工作表、单元格

任务准备

Excel 是由 Microsoft 公司推出的 Microsoft Office 办公组件的重要成员之一，其主要功能是制作电子表格，并通过电子表格进行数据管理。

Microsoft 公司一直在推陈出新，Microsoft Office 办公软件从 97 版发展至今，各版本都支持向下兼容。虽然现在 2003 版仍在使用，但与 2007 版以后的界面相比差距比较大。

Excel 2007～2010 提供了新的面向结果的用户界面，在包含命令和功能逻辑组的、面向任务的选项卡上能更轻松地找到各种命令和功能。如图 4-1 所示为 Excel 2003 和 2010 用户界面比较。

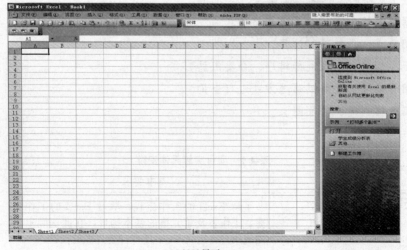

(a) 2003 界面

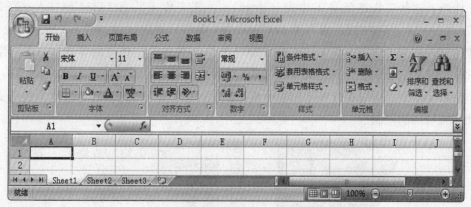

(b) 2010界面

图 4-1　Excel 用户界面

1. 选项卡页、功能区、快速访问工具栏

Excel 中所有的功能操作主要分为 8 大类，包括文件、开始、插入、页面布局、公式、数据、审阅和视图。各选项卡页次中收录相关的功能群组，只要切换到该功能页次即可看到其中包含的内容。例如，在选择"插入"选项卡后，即可显示出相应可以在 Excel 2010 中插入的对象，如图 4-2 所示。

图 4-2　选择"插入"选择卡

视窗上半部的面板称为功能区，放置了编辑工作表时需要的工具按钮。当选择某一功能选项卡，便会显示该选项卡所包含的工具按钮。

在功能区中单击█按钮，还可以打开专属的"工作窗格"来做更详细的设定。

窗口中选项卡页的上面就是"快速访问工具栏"。它是一个可自定义的工具栏，包含一组独立于当前显示的选项卡的命令。用户可以向快速访问工具栏中添加命令按钮，还可以移动快速访问工具栏。

2. 工作簿与工作表

工作簿是 Excel 使用的文件架构，可以将它想象成是一个工作夹，在这个工作夹里面有

许多工作纸，这些工作纸就是工作表（sheet），一张工作表共有 16384 列（A…XFD）*
1048576（1…1048576）行，相当于 17179869184 个单元格组成，如图 4-3 所示。在 Excel
中创建的文件称为工作簿，其文件扩展名为 .xlsx。工作簿是工作表的容器，一个工作簿可
以包含一个或多个工作表。当启动 Excel 时，总会自动创建一个名为 Book1 的工作簿，它包
含 3 个空白工作表，可以在这些工作表中填写数据。在 Excel 中打开的工作簿个数仅受可用
内存和系统资源的限制。

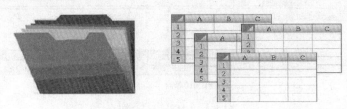

图 4-3 工作簿与工作表关系

3. 单元格与单元格位址

工作表内的方格称为"单元格"，是 Excel 操作的最小单位，输入的数据便是排放在一
个个的单元格中。单元格中可以包含文本、数字、日期、时间或公式等内容。若要在某个单
元格中输入或编辑内容，可以在工作表中单击该单元格，使之成为活动单元格，此时其周围
将显示粗线边框，其名称将显示在名称框中。在工作表的上面有每一栏的列标题 A、B、
C…，左边则有各列的行标题 1、2、3…将列标题和行标题组合起来，就是单元格的"位
址"。例如，工作表最左上角的单元格位于第 A 列第 1 行，其位址便是 A1，同理，E 栏的第
3 行单元格，其位址是 E3。

任务实施

1. ◉观察：Excel 界面如图 4-4 所示，并填写图中空白方框里的内容。

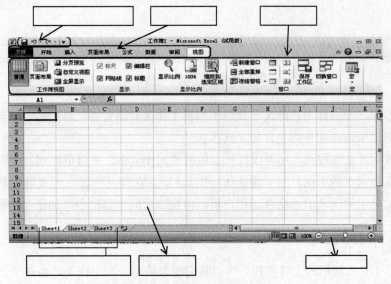

图 4-4 Excel 界面

2. 按照如图 4-5 所示例样设置界面：普通视图，显示状态栏和编辑栏组显示比例为75%，在开始选项卡页中显示自定义的绘图、图表功能区。

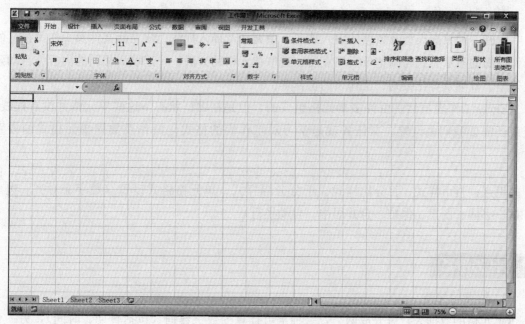

图 4-5　界面设计样张

> **提示**：在 Excel 中，选择"文件"→"选项"命令，打开"Excel 选项"对话框，选择"自定义功能区"选项卡，在打开的"自定义功能区"对话框中就可自行设计每一个选项卡中功能区的内容。

操作步骤：_____

_____。

任务小结

通过本任务的实施，掌握 Excel 软件的功能、特点及运行环境；熟悉 Excel 界面组成；掌握工作簿、工作表、单元格等概念。

思考与练习

1. Excel 的 3 个基本要素是_____、_____和_____。

2. 工作簿是 Excel 的基本文档，文件的扩展名为_____，它由若干张_____组成。

3. 每张工作表由_____组成。

4. 工作表在默认情况下有_____列和_____行。

5. 单元格是工作表中的_____操作单位，每个单元格都有一个由_____组成的独立名称。

任务 2　表格格式编辑及数据输入

掌握不同数据类型及数据的输入技巧、填充柄及插入标注、建立新文件及工作簿视窗的操作数据的显示方式与调整单元格宽度、选取单元格的方法、快速填满相同的内容、自动建立等差、日期及等比数列、工作表的操作等。

Excel 工作表虽然是由许多单元格组成的，但是在默认状态下这些单元格并没有框线，因此还需要我们去设置。本任务就是学习对工作表的格式化操作及数据单元格式的设置方法。

> **知识点**：货币样式、百分比样式、千分分隔样式、单元格格式设置（数字、对齐、边框、字体、图案、保护、合并居中、自动换行）

任务准备

1. 数据的种类

单元格的数据大致可分成两类，一种是可计算的数字数据（包括日期、时间），另一种则是不可计算的文字数据。

可计算的数字数据由数字 0～9 及一些符号（如小数点、＋、－、$、%...）所组成，日期与时间也属于数字数据，只不过会含有少量的文字或符号。例如，2012/06/10、08：30PM、3 月 14 日等。

不可计算的数据包括汉字、英文、数字的组合（如身份证号码）。不过，数字资料有时亦会被当成文字输入，如电话号码、邮政区号等。

2. 输入数据格式的设定

在"开始"选项卡上的"数字"组中可以设置数据的类型。电话号码、邮政编码、身份证号码等没有数字意义的数据在输入时应当作为文本类型的数据。具体设置方法有如下两种。方法一：选定单元格后，单击"开始"选项卡"数字"组中▣按钮，在打开的"设置单元格格式"对话框的"数字"选项卡下选择"文本"选项。方法二：在输入数字前先输入一个单引号（'）。

在默认情况下，用户在 Excel 表格中输入数据时，按 Enter 键后光标默认向为"向下"。可以选择"文件"→"选项"命令，在打开的"Excel 选项"对话框中选择"高级"选项卡，选中"按 Enter 键后移动所选内容"复选框，"方向"选择"向右"即可更改方向为向右，如图 4-6 所示。

在 Excel 表格中输入数据时，每个单元格最多可包含 32000 个字符。使用"开始"选项卡上的"对齐方式"组中的"自动换行"按钮可以设置单元格自动换行，如图 4-7 所示。

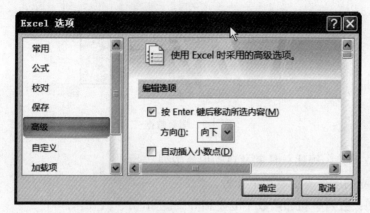

图 4-6　"Excel 选项"对话框

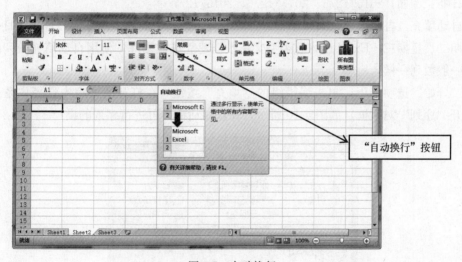

图 4-7　自动换行

3. 快速填满相同的数据信息

将相同的内容连续填入数个单元格，除了可通过"复制"→"粘贴"命令外，更有效率的方法是利用自动填充功能来完成，此功能亦可建立日期、数列等具规则性的内容。

打开如图 4-8 所示的业务表格，然后在单元格中输入"业务部"3 个字，并维持单元格的选取状态，然后将指针移至粗框线的右下角，此时指针会呈＋形，按住左键不放向下拖动至单元格 B6，"业务部"3 个字就会填满 B2：B6 范围了，如图 4-9 所示。

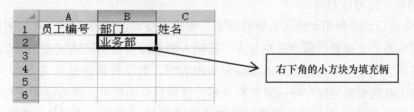

图 4-8　选取单元格

图 4-9　填充数据

4. 自动建立等差、等比、日期及自动填充数列

Excel 可建立的序列类型有如下 4 种。

- 等差数列：数列中相邻两数字的差相等。例如，1、3、5、7…
- 等比数列：数列中相邻两数字的比值相等。例如，2、4、8、16…
- 日期：例如，2015/12/5、2015/12/6、2015/12/7…
- 自动填充：自动填充数列属于不可计算的文字数据。例如，一月、二月、三月…星期一、星期二、星期三…Excel 已将该类型文字数据建立成数据库，使用自动填充数列时，就像使用一般数列一样。

在"开始"选项卡下，单击编辑组的"填充"按钮，在打开的列表中选择"系列"选项，打开"序列"对话框，如图 4-10 所示，在该对话框中可进行序列的设计。

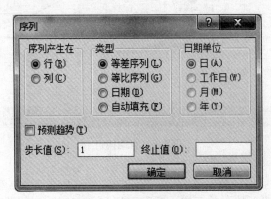

图 4-10　"序列"对话框

还可以通过选择"文件"→"选项"命令，打开"Excel 选项"对话框，单击"高级"选项卡中的"编辑自定义列表"按钮，打开"自定义序列"对话框，自己设计序列，如图 4-11 所示。

5. 调整单元格宽度和高度

Excel 会自动判断使用者输入的资料形态，来决定资料的预设显示方式。例如，数字数据将会靠右对齐；文本数据则会靠左对齐。若输入的数据超过单元格宽度时，Excel 将会改变数据的显示方式。当单元格宽度不足以显示内容时，数字数据会显示成"＃＃＃"，而文本数据则会由右边相邻的储存格决定如何显示。这时只要调整单元格的宽度或在标题栏的右框线上双击鼠标左键就可以调整宽度。通过单击"开始"选项卡的"单元格"组中的"格式"按钮可进行精确的设置，如图 4-12 所示。

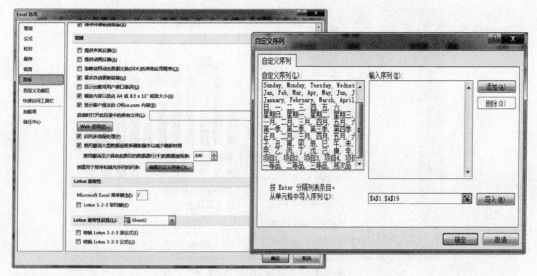

图 4-11 自定义序列设计

图 4-12 设置单元格大小

6. 插入、删除、切换、编辑工作表

一本工作簿预设有 3 张工作表,若不够用时可以自行插入新的工作表,Excel 会以 sheet1、sheet2、sheet3…为工作表命名,但这类名称没有意义,当工作表数量多时,应更改为有意义的名称,以便识别。

除了可以更改工作表的名称,工作表标签的颜色也可以个别设定,这样看起来就更容易辨识了,如图 4-13 所示。

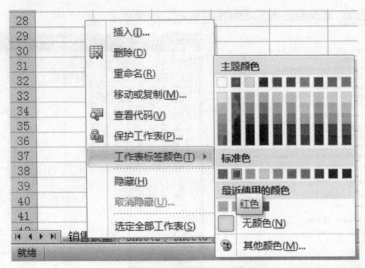

图 4-13　工作表标签颜色设置

要同时查看两个或者更多个工作表，可单击"视图"选项卡的"窗口"组中的"并排查看"按钮。

7. 工作簿工作表的保护

对工作簿进行保护，可单击"审阅"选项卡的"更改"组中的"保护工作簿"按钮，如图 4-14 所示。

图 4-14　工作表、工作簿保护

工作表被保护后，用户只能进行设定好的操作。工作表的保护同工作簿的保护类似。具体操作如下：

（1）在工作表中，只选择要锁定的单元格。

（2）单击"开始"选项卡"字体"组中的 ▣ 按钮，打开"设置单元格格式"对话框。

（3）选择"保护"选项卡，选中"锁定"复选框，然后单击"确定"按钮。

（4）单击"审阅"选项卡的"更改"组中的"保护工作表"按钮。

（5）打开"保护工作表"对话框，输入工作表的密码后单击"确定"按钮即可。

8. 隐藏工作簿

单击"视图"选项卡"窗口"组中的"隐藏"按钮，可以把当前处于活动状态的工作簿隐藏起来，如果要取消隐藏，可单击"视图"选项卡"窗口"组中的"取消隐藏"按钮，然后在"取消隐藏"窗口中选择相应工作簿即可。

任务实施

1. 更改工作表名称 sheet1 为"填充练习"，工作表标签颜色为红色，使用填充柄完成例样输入，设置打开密码为"ABC"。填充练习例样如图 4-15 所示。

	例1	例2	例3	例4	例5	例6	例7	例8	例9	例10	例11
	计算机	3月18日	星期一	1	10	2015/5/28	13:30	甲	sun	jan	一月
	计算机	3月19日	星期二	2	25	2015/5/29	14:30	乙	mon	feb	二月
	计算机	3月20日	星期三	3	40	2015/5/30	15:30	丙	tue	mar	三月
	计算机	3月21日	星期四	4	55	2015/5/31	16:30	丁	wed	apr	四月
	计算机	3月22日	星期五	5	70	2015/6/1	17:30	戊	thu	may	五月
	计算机	3月23日	星期六	6	85	2015/6/2	18:30	己	fri	jun	六月
	计算机	3月24日	星期日	7	100	2015/6/3	19:30	庚	sat	jul	七月
	计算机	3月25日	星期一	8	115	2015/6/4	20:30	辛	sun	aug	八月
	计算机	3月26日	星期二	9	130	2015/6/5	21:30	壬	mon	sep	九月
	计算机	3月27日	星期三	10	145	2015/6/6	22:30	癸	tue	oct	十月

图 4-15　填充练习例样

操作步骤：_____
_____。

2. 更改工作表名称 sheet2 为"序列练习"，工作表标签颜色为黄色，使用"序列"对话框完成例样输入，其中"一等品、二等品、三等品、残次品"为自定义新序列，用填充柄输入。序列练习例样如图 4-16 所示。

使用"序列"自动填充

	例1	例2	例3	例4	例5
	1	2015/1/28	2006/1/1	8月1日	一等品
	2	2015/2/28	2007/1/1	8月2日	二等品
	4	2015/3/28	2008/1/1	8月3日	三等品
	8	2015/4/28	2009/1/1	8月4日	残次品
	16	2015/5/28	2010/1/1	8月5日	一等品
	32	2015/6/28	2011/1/1	8月6日	二等品
	64	2015/7/28	2012/1/1	8月7日	三等品
	128	2015/8/28	2013/1/1	8月8日	残次品
	256	2015/9/28	2014/1/1	8月9日	一等品
	512	2015/10/28	2015/1/1	8月10日	二等品

图 4-16　序列练习例样

操作步骤：_____
_____。

3. 更改工作表名称 sheet3 为“区域输入练习”，使用“区域输入”方法完成例样输入。区域输入练习例样如图 4-17 所示。

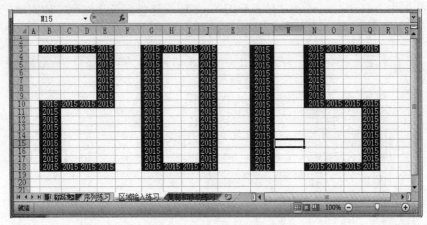

图 4-17　区域输入练习例样

操作步骤：____

____。

4. 完成如图 4-18 所示的流量表例样制作。

要求

（1）标题：蓝色 22 磅楷体字，单元格 B1：G1 合并居中、垂直居中。

（2）表头：白色表格线，白色 12 磅宋体字，绿色填充，分别合并单元格 B2：B3，C2：C3，E2：F2，G2：G3。

（3）表体：黑色表格线，12 磅宋体字，全表深红色双线外框，按例样单元格中所示设置货币样式，保留两位小数。

经济效益费用流量表

序号	年份 / 项目	改建期	投产期		合计
		1	2	3	
1	效益流量	¥0.00	¥0.00	¥0.00	¥0.00
1.1	产品销售收入				¥0.00
1.2	回收流动资金				¥0.00
2	费用流量	¥0.00	¥0.00	¥0.00	¥0.00
2.1	固定资产投资				¥0.00
2.2	流动资金				¥0.00
3	净效益流量	¥0.00	¥0.00	¥0.00	¥0.00

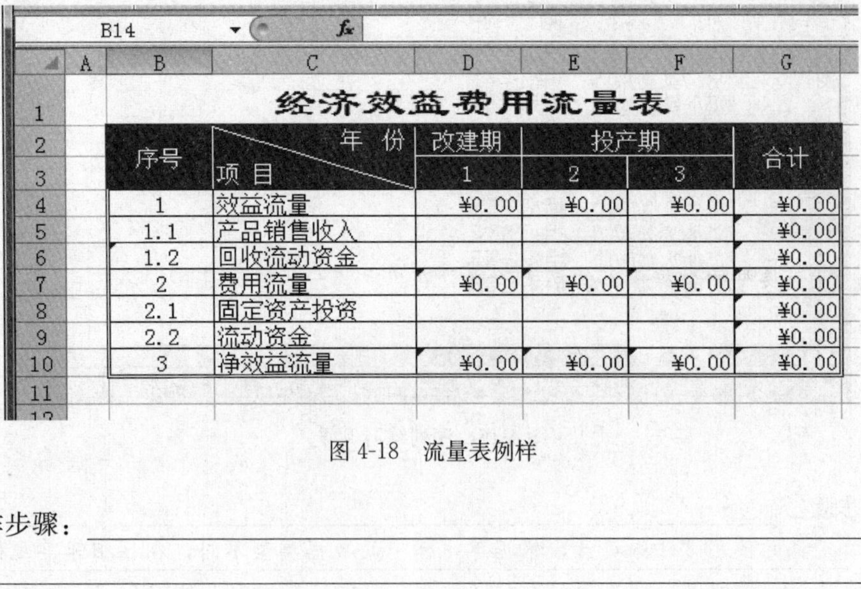

图 4-18　流量表例样

操作步骤：____

____。

5. 完成如图 4-19 所示的比赛表例样制作。

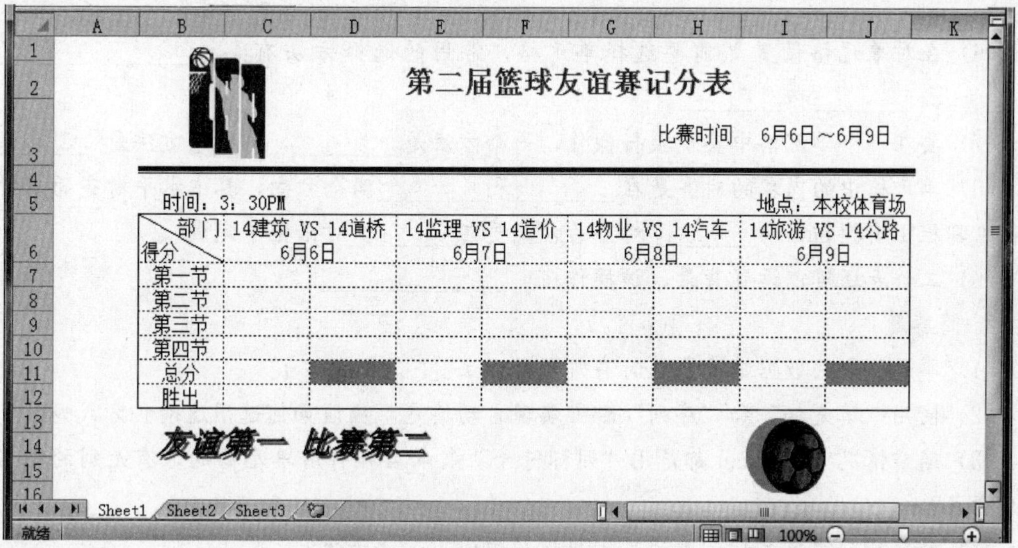

图 4-19　比赛表例样

操作步骤：_____

_____。

任务小结

　　通过本任务的实施，能够在单元格中正确地输入文本、数字及其他特殊的数据；掌握几种快速输入数据的方式，能运用通常方法给工作表输入正确的数据，能运用自动填充为工作表迅速输入有规律的数据，以提高输入数据的效率；学会为单元格或区域定义名字。通过这些学习，能够完成对 Excel 工作表的数据初始化及表格样式的设计。

思考与练习

1. 填空题

（1）Excel 中 的 数 据 类 型 主 要 有 ： _____ 、 _____ 、 _____ 、 _____ 、 _____ ，不同类型的数据输入的格式不同，在单元格中的显示也不同。

（2）区域输入是一种快速在许多单元格中输入同一内容的方法，这种方法的操作步骤为：首先按住_____键拖动鼠标选定输入区域，然后在活动单元格内输入内容，最后按下_____组合键完成输入。

（3）输入数字作为文本时应先输入_____。Excel 的默认对齐方式是数字靠_____、字符靠_____。

（4）填充柄的使用方法很灵活，根据单元格中的数据类型不同，在往相邻单元格拖动时有时是_____，有时是_____，有时还需要和_____键配合使用。

（5）对工作表的外观设置就是对_____格式的设置，单元格格式设置主要包括对_____、_____、_____、_____、_____和_____的设置。

（6）在对单元格设置之前要选择单元格，常用的选择方法有：_____、_____、_____、_____和_____。

（7）要在一个单元格中实现换行操作，一个方法是_____，另一个方法是_____。

（8）单元格中的内容的对齐是在_____和_____两个方向，其中水平对齐的三种方式在工具栏上有按钮，而_____对齐的方式要在_____对话框中完成。

（9）工作表还可以设置背景，该操作在_____。

2. 简答题

（1）单元格中的数据需要修改时有哪两种方法？

（2）使用"填充柄"和"序列"都可实现自动填充，应该如何选用这两种方式呢？

（3）通常情况下，Excel 都是用"列标行号"来命名和引用单元格的，有无别的命名和引用方式？

（4）行高和列宽有多种调整方法，应该如何使用这些方法？

任务 3　公式与函数

Excel 有强大的计算功能，可以说这正是我们使用它的理由。在 Excel 中使用公式和函数能够极大地提高数据计算速度。

本任务是学习利用所提供的函数完成对工作表中的数据进行处理及计算操作。

> **知识点**：公式、函数、相对引用、绝对引用、SUM（）函数、AVERAGE（）函数、IF（）函数、COUNTIF（）函数、NOW（）函数

任务准备

1. 公式的表示法

Excel 的公式和一般数学公式差不多，数学公式的表示法为 A3＝A2＋A4，意思是 Excel 会将 A2 单元格的值和 A4 单元格的值自动求和，然后把结果显示在 A3 单元格中。

若将这个公式改用 Excel 表示，则变成要在 A3 单元格中输入"＝A2＋A4"。

输入公式必须以等号"＝"开始，例如"＝A2＋A4"，这样 Excel 才知道输入的是公式，而不是一般的文本数据。

> **提示**：在 Excel 中，如果公式和函数不能计算出结果，有时会直接返回一个错误值，表 4-2 列出了公式的单元格可能出现的各类错误值。

表 4-2 错误值表

错误值	原因说明
＃＃＃＃	该列列宽不够，或者包含一个无效的时间或日期
＃DIV/0!	该公式使用了 0 作为除数，或者公式中使用了一个空单元格
＃N/A	公式中引用的数据对函数或公式不可用
＃NAME?	公式中使用了 Excel 不能辨认的文本或名称
＃NULL!	公式中使用了一种不允许出现相交但却交叉了的两个区域
＃NUM!	使用了无效的数字值
＃REF!	公式引用了一个无效的单元格
＃VALUE!	函数中使用的变量或参数类型错误

Excel 的函数库中包含多种函数供选择使用，在选择了一种函数后，系统会在下方给出该函数作用的语法规则，如图 4-20 所示。

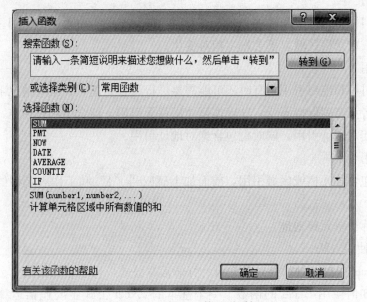

图 4-20 "插入函数"对话框

2. 单元格的引用

• 相对引用

只使用列标和行号来表示单元格的方法即是单元格的相对引用，如 A2、A4。Excel 一般是使用相对地址来引用单元格的位置。

例如，将光标定位在 C2 中，要计算学生的总分，此时输入"＝A2＋B2"，被引用的单元格会显示彩色的边框，按 Enter 键，在 C2 单元格中得出总分。相对地址是指当把一个含有单元格地址的公式复制到一个新的位置或者用一个公式填入一个范围时，公式中的单元格地址会随着改变，如此时 C3 单元格内显示为"＝A3＋B3"，其余单元格也为相对引用自动调整，如图 4-21 所示。

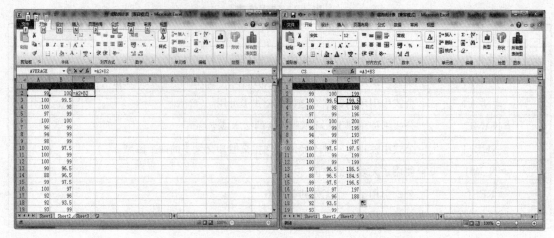

图 4-21　相对引用

· 绝对引用

在单元格列号和行号前面添加"$"符号后，单元格的引用为绝对引用。绝对引用的是固定的单元格或单元格区域，不会发生相对变化。

· 混合引用

除了相对引用和绝对引用，有时还可能需要进行混合引用，在某些情况下，需要复制公式时只有行或者只有列保持不变，这就需要使用混合引用。混合引用是指在一个单元格地址引用中，既有相对地址引用，同时也包含绝对地址引用。

· 其他引用

其他引用包含单元格或区域引用，前面加上感叹号"!"和工作表名称的范围。语法格式如下：

工作表名称! 单元格地址

3. 函数的使用方法

函数是 Excel 根据各种需要，预先设计好的运算公式，可节省自行设计公式的时间，接下来就来看看如何使用 Excel 的函数。一个基本的 Excel 公式主要包括运算符、单元格引用、值或字符串、工作表函数以及它们的参数。

· 函数的格式

每个函数都包含 3 个部分：函数名称、自变量和小括号。以求和函数 SUM 来说明：

SUM 即是函数名称，从函数名称可大略得知函数的功能、用途。

小括号用来括住自变量，有些函数虽没有自变量，但小括号还是不可以省略。

参数是函数计算时所必须使用的数据。例如，SUM（1，3，5）即表示要计算 1、3、5 这 3 个数字的总和，其中的 1、3、5 就是自变量。

· 自变量的类型

函数的自变量不仅有数字类型，也可以是文字或以下 3 项类别。

位址：如 SUM（B1，C3）即是要计算 B1 单元格的值与 C3 单元格的值之和。

范围：如 SUM（A1：A4）即是要加总 A1：A4 范围的值。

函数：如 SQRT（SUM（B1：B4））即是先求出 B1：B4 的总和后，再求开平方根的结果。

4. 隐藏公式

如果不想在共享工作簿之后，让其他用户看到并编辑已有公式，可在共享之前，将包含公式的单元格设置为隐藏，并保护工作表。具体操作步骤如下：

选定要隐藏的公式所在的单元格区域，右击，在打开的列表中选择"设置单元格格式"命令，选择"保护"选项卡，选中"隐藏"复选框，单击"确定"按钮即可隐藏公式。

任务实施

1. ◉观察："插入函数"对话框，如图 4-22 所示。写出"插入函数"对话框的打开方式，SUM（）、AVERAGE（）、IF（）、COUNT（）、CCOUNTIF（）、RANK（）函数的功能及参数构成。

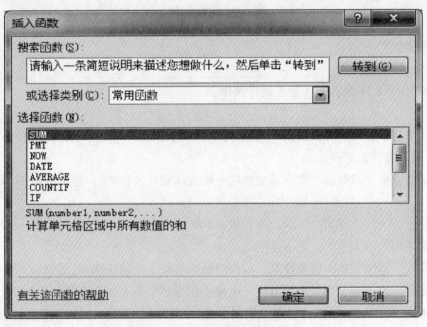

图 4-22 "插入函数"对话框

操作步骤：＿＿＿＿＿＿＿＿＿＿＿＿＿＿＿＿＿＿＿＿＿＿＿＿＿＿＿＿＿＿＿＿＿＿＿

＿＿＿＿＿＿＿＿＿＿＿＿＿＿＿＿＿＿＿＿＿＿＿＿＿＿＿＿＿＿＿＿＿＿＿＿＿＿。

2. 完成如图 4-23 所示的收费表例样制作。

要求

（1）用公式计算用电量、电费、用水量、水费、缴费金额。

（2）公式中电费单价、水费单价要用绝对引用，同类公式要复制。

（3）合计用"自动求和"。

房水电管理系统											
门牌号	户主	房费	电费				水费				缴费金额
			上月表底	本月表底	用电量	电费	上月表底	本月表底	用水量	水费	
101	刘建军	221.00	239	334			454	477			
102	王涛	123.00	123	342			453	487			
103	李利	213.00	122	455			322	443			
201	许维恩	166.00	333	398			33	78			
202	马民	221.00	432	544			234	288			
203	丛林	123.00	23	65			221	288			
301	张文	213.00	124	343			321	354			
302	江水	166.00	324	456			33	78			
合计											
电费单价(元)	0.48	水费单价（元）	5								

图 4-23　收费表例样

操作步骤：____
____。

3. 完成如图 4-24 所示的工资表例样制作。

要求

(1) 住房公积金＝（等级工资＋国家津贴＋校内津贴）×12%，要求采用 ROUND () 和 SUM () 函数并取值到元。

(2) 工会会费＝（等级工资＋国家津贴＋校内津贴）×1.5‰，要求采用 SUM () 函数并取值到分。

(3) 税金：（收入－2000）≤0，不扣税；（收入－2000）＞0，扣（收入－840）×20%的税。要求采用 IF () 函数，取值到分。

(4) 收入＝等级工资＋国家津贴＋校内津贴＋书报＋交通＋洗理。

(5) 实发＝收入－（房费＋水电气＋电视＋住房公积金＋工会会费＋税金）。

(6) 采用 SUM () 函数计算各项合计，用 AVERAGE () 函数计算税金和实发的平均值。

(7) 工资表的制作日期采用 NOW () 函数，自动随计算机日期变化。

4. 完成如图 4-25 所示的贷款计算器例样的设计。

要求

(1) 按照例样先制作表格外观，用“阴影设置”设置阴影，使用说明用“文本框”制作。

(2) 每月还款额用 PMT () 函数计算，其中参数 rate、nper、pv 分别为银行月利率、贷款月份、贷款金额，参数 fv、type 可省略。

(3) 用 IF () 函数对单元格不能为空进行条件判断，并返回结果。

(4) 保护除用户输入数据外的所有内容。

P22				fx												
A	B	C	D	E	F	G	H	I	J	K	L	M	N	O	P

计算中心月工资发放统计表(单位：元)

2015/8/31 10:35

序号	姓名	等级工资	国家津贴	校内津贴	书报	交通	洗理	房费	水电气	电视	住房公积金	工会费	税金	收入	实发
1	袁路	1,444.00	590.00	503.00	27.00	80.00	26.00	0.00	0.00	0.00					
2	马小勤	2,379.00	379.00	511.00	27.00	15.00	20.00	51.25	121.35	18.00					
3	孙天一	1,299.00	220.00	406.00	27.00	15.00	20.00	25.65	35.96	18.00					
4	邹涛	2,259.00	211.00	402.00	27.00	30.00	26.00	0.00	0.00	0.00					
5	邱大同	2,225.00	190.00	385.00	25.00	15.00	20.00	25.65	57.34	18.00					
6	王亚妮	3,210.00	190.00	385.00	25.00	15.00	20.00	25.65	57.34	18.00					
7	吕萧	2,252.00	208.00	389.00	27.00	15.00	26.00	0.00	0.00	0.00					
	平均														
	合计														

Sheet1 Sheet2 Sheet3

就绪　　　　　　　　　　　　　　　　　　　　　　　100%

图 4-24　工资表例样

操作步骤：_____

_____。

房屋贷款计算器

银行年利率：　5.04%

请输入如下信息：

房屋面积	100.00	平方米
房屋售价	¥380,000.00	人民币（元）
首付金额	¥200,000.00	人民币（元）
贷款年限	20	年

总金额	¥380,000.00	人民币（元）
贷款金额	¥180,000.00	人民币（元）
贷款月份	240	个月
每月还款额	¥1,191.90	人民币（元）
本息总额	¥286,056.33	人民币（元）
总利息	¥106,056.33	人民币（元）

使用说明

用户在输入区域中，输入房屋面积、房屋售价、首付金额和贷款年限后，贷款的信息会自动出现在下面的表格中，用户在使用过程中，注意按银行的最新利率进行计算。

图 4-25　贷款计算器例样

操作步骤：_____

_____。

5. 完成如图 4-26 所示的成绩统计表例样的制作。

要求

（1）先按照例样输入学生各科成绩，多输入些数据，选择"姓名"下的单元格设置"冻结窗口"。

（2）使用 COUNTIF（）函数计算积分数段人数。

（3）使用 SUM（）函数计算每名同学的总分数。

（4）使用 RANK（）函数计算每名同学的名次。

	A	B	C	D	E	F	G	H	I	J	K	L
1				2014-2015学年度第一学期期末成绩统计表								
2	学号	姓名	语文	数学	英语	政治	历史	地理	生物	总分	名次	体育
48	10451	丁51	76.0	88.0	99.0	76.0	63.0	75.0	61.0			优秀
49	10404	丁4	70.0	95.0	97.0	81.0	69.0	77.0	47.0			合格
50	10407	丁7	64.0	82.0	96.0	79.0	72.0	78.0	62.0			良好
51	10455	丁55	67.0	92.0	93.0	71.0	60.0	81.0	61.0			良好
52	10428	丁28	77.0	80.0	97.0	77.0	68.0	86.0	36.0			优秀
53	10443	丁43	62.0	88.0	98.0	69.0	52.0	72.0	68.0			合格
54	10420	丁20	66.0	75.0	93.5	75.0	61.0	72.0	66.0			合格
55	10438	丁38	69.0	85.0	95.0	72.0	72.0	67.0	29.0			合格
56	10458	丁58	70.0	88.0	88.5	84.0	50.0	58.0	49.0			合格
57	10405	丁5	75.0	60.0	97.0	67.0	60.0	71.0	49.0			良好
58	10406	丁6	72.0	62.0	87.5	78.0	63.0	69.0	40.0			良好
59	10442	丁42	56.0	73.0	95.0	80.0	58.0	54.0	49.0			优秀
60	10408	丁8	68.0	60.0	89.0	74.0	42.0	68.0	43.0			优秀
61	10450	丁50	64.0	28.0	92.5	67.0	71.0	69.0	52.0			合格
62	10448	丁48	52.0	60.0	93.0	70.0	17.0	55.0	30.0			合格
63												
64	分	0-59										
65	数	60-69									优秀	
66	段	70-79									良好	
67	人	80-89									合格	
68	数	90-100									不合格	
69												
70												
71												

图 4-26　成绩统计表例样

操作步骤：_____

_____。

任务小结

通过本任务的实施，掌握单元格引用的几种常见形式，并能根据不同引用的特点进行正确引用；掌握公式的概念，能够正确输入和编辑公式完成相应运算；掌握函数的概念，能够输入和编辑函数，并记住和会使用常用函数。

思考与练习

1. 填空题

（1）公式由_____开始，按照_____的原则编制，可以引用其他单元格中的数据，最后按_____键完成公式的输入。

（2）一般的单元格引用都是_____引用，在对公式进行复制时所引用的单元格会有规律地_____，如果不希望所引用的单元格变化，就要在编辑公式时采用_____引用，也就是在所引用的单元格名称前加_____符号。

（3）公式中常用到"函数"来完成自动计算，函数的三要素是_____、_____和_____。

（4）IF（）函数是一个非常有用的函数，它的函数体由三部分组成，分别是_____、_____和_____；如果需要判断的条件超过两个，则还可以在 IF（）函数中嵌套 IF（）函数。

（5）粘贴函数的基本步骤为_____、_____、_____。在粘贴函数的过程中常用到单元格_____按钮。

（6）在 Excel 中为了防止数据受损，可以对_____、_____和_____进行保护。

2. 简答题

（1）如何快速显示出工作表中的公式？

（2）在工作表中如何完成临时的自动计算（求和、均值、计数、最大、最小）？

（3）在不同工作表和工作簿中也可以进行单元格的引用，如何操作？

任务 4 数据分析与图表的制作

Excel 不但具有强大的计算能力，还具有数据分析和处理能力，利用其强大的图表制作功能，来更直观和形象地展示数据。在本任务中将学习几种常用的数据管理、分析方法，学习如何创建图表和修改所需的数据。

知识点：排序、筛选、分类汇总、合并计算、图表类型、条件格式显示

任务准备

1. Excel 常见的图表类型有以下几种，如图 4-27 所示。

柱状图　折线图　饼图　条形图　面积图　散点图　股价图　曲面图　圆环图　气泡图　雷达图

图 4-27 图表类型

• 柱形图：柱形图是使用最普遍的图表类型，它适合用来表现一段期间内数量上的变化，或是比较不同项目之间的差异，各种项目放置于水平坐标轴上，而其值则以垂直的长条显示。它是 Excel 2010 的默认的图表类型。

• 折线图：显示一段时间内的连续数据，适合用来显示相等间隔（每月、每季、每年……）的数据趋势。例如，某公司想查看各分公司每一季的销售状况，就可以利用折线图来显示。

• 饼图：饼图只能有一组数列数据，每个数据项都有唯一的色彩或是图样，饼图适合用来表现各个项目在全体数据中所占的比率。

• 条形图：可以显示每个项目之间的比较情形，Y 轴表示类别项目，X 轴表示值，条形图主要是强调各项目之间的比较，不强调时间。

• 面积图：强调一段时间数据的变动程度，可由值看出不同时间或类别的趋势。

• 散点图：显示两组或是多组资料数值之间的关联。散点图若包含两组坐标轴，会在水平轴显示一组数字数据，在垂直轴显示另一组数据，图表会将这些值合并成单一的数据点，并以不均匀间隔显示这些值。散点图通常用于科学、统计及工程数据，也可以拿来做产品的比较。

• 股价图：股价图顾名思义就是用于说明股价的波动。例如，可以依序输入成交量、开盘价、最高价、最低价、收盘价的数据，来当作投资的趋势分析图。

• 圆环图：与饼图类似，不过圆环图可以包含多个资料数列，而饼图只能包含一组数列。例如，从图 4-28 可以看出电器产品近几年的销售状况。

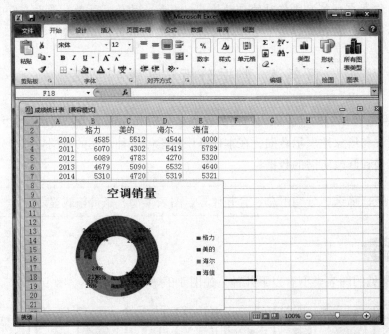

图 4-28　圆环图

• 气泡图：气泡图和散点图类似，不过气泡图是比较 3 组数值，其数据在工作表中是以栏进行排列，水平轴（X 轴）的数值在第一栏中，而对应的垂直轴（Y 轴）数值及泡泡大小值则列在相邻的栏中。例如，图 4-29 中 X 轴代表产品的销售量，Y 轴代表产品的销售额，而泡泡的大小则是广告费。

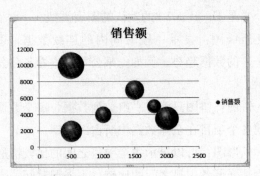

图 4-29　气泡图

· 雷达图: 可以用来做多个资料数列的比较。例如, 从图 4-30 所示的雷达图可以了解每位学生最擅长及最不擅长的科目。

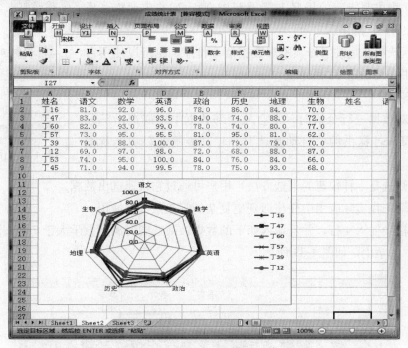

图 4-30　雷达图

2. 利用"格式化条件"分析数据

当工作表中的数据量很多时, 很难一眼辨识出数据高低或找出所需的项目, 如需强调工作表中的某些资料, 既可利用设定格式化的条件功能, 也可以自动将数据套上系统提供的格式以便区别。

如图 4-31 所示是在"开始"选项卡的"样式"功能组中单击"条件格式"按钮来设定。

图 4-31　条件格式设置

3. 数据排序

用户可以根据数据区域中的数值对数据的行/列进行排序。排序时，Excel 将按照指定的排序方式重新排列行/列或单元格。排序的方式有升序 、降序。

Excel 默认状态是按字母顺序对数据清单排序，也可以使用自定义排序顺序，如图 4-32 所示。

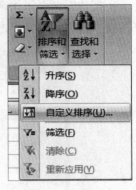

图 4-32　排序选择

4. 数据筛选

用户在对数据进行分析时，常会从全部数据中按需选出部分数据，应用 Excel 提供的"自动筛选"和"高级筛选"功能就很方便。

- 自动筛选是一种快速的筛选方法，用户可通过它快速选出数据。
- 高级筛选在实际应用中往往遇到更复杂的筛选条件时使用。

如在表格中插入 4 行，并且输入如下的数据，筛选同时满足数学大于 70、语文大于 80、英语大于 80 的学生，如图 4-33 所示。

图 4-33　输入筛选条件

具体操作如下：

（1）将光标定位在 A5：G30 数据区域，或者选中该区域。

（2）单击"数据"选项卡的"排序和筛选"功能组中的"高级"按钮，在弹出的"高级筛选"对话框中进行设置，如图 4-34 所示。

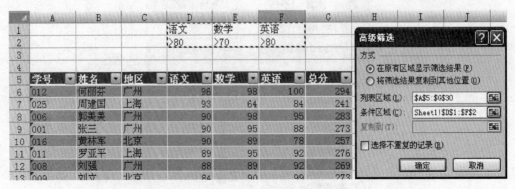

图 4-34　高级筛选

（3）高级筛选后的结果显示在原来 A5：G30 所在区域，如图 4-35 所示。

	A	B	C	D	E	F	G
1				语文	数学	英语	
2				>80	>70	>80	
3							
4							
5	学号	姓名	地区	语文	数学	英语	总分
6	012	何丽芬	广州	96	98	100	294
8	006	郭美美	广州	90	98	95	283
9	001	张三	广州	90	95	88	273
11	011	罗亚平	上海	89	95	92	276
12	008	刘强	广州	88	89	92	269
13	009	刘立	北京	84	90	99	273

图 4-35 高级筛选结果

5. 汇总

分类汇总就是把数据分类别进行统计，便于对数据的分析管理。数据首先必须按要求排序。具体操作为：

（1）单击"城市"所在单元格，再单击"排序和筛选"中的"升序"按钮，将表格中的记录按地区排序，结果如图 4-36 所示。

E2		fx	北京							
	A	B	C	D	E	F	G	H	I	J
1	订单编号	订货日期	发货日期	地区	城市	订货金额	联系人	地址		
2	10248	2014/7/4	2014/7/16	华北	北京	¥32.38	余小姐	光明北路 124 号		
3	10255	2014/7/12	2014/7/15	华北	北京	¥148.33	方先生	白石路 116 号		
4	10260	2014/7/19	2014/7/29	华北	北京	¥55.09	徐文彬	海淀区明成路甲 8 号		
5	10263	2014/7/23	2014/7/31	华北	北京	¥146.06	王先生	复兴路 12 号		
6	10264	2014/7/24	2014/8/23	华北	北京	¥3.67	陈先生	石景山路 462 号		
7	10332	2014/10/17	2014/10/21	东北	大连	¥52.84	刘维国	机场路 21 号		
8	10368	2014/11/29	2014/12/2	东北	大连	¥101.95	王先生	冀州西街 6 号		
9	10395	2014/12/26	2015/1/3	东北	大连	¥184.41	王先生	明成大街 58 号		
10	10401	2015/1/1	2015/1/10	东北	大连	¥12.51	王先生	跃进路 326 号		
11	10431	2015/1/30	2015/2/7	东北	大连	¥44.17	王先生	明成街 9 号		
12	10460	2015/2/28	2015/3/3	东北	大连	¥16.27	陈先生	和安路 82 号		
13	10250	2014/7/8	2014/7/12	华北	秦皇岛	¥65.83	谢小姐	光化街 22 号		
14	10283	2014/8/16	2014/8/23	华北	秦皇岛	¥84.81	陈玉美	冀北路 23 号		
15	10393	2014/12/25	2015/1/3	华北	秦皇岛	¥126.56	苏先生	青年路 43 号		
16	10422	2015/1/22	2015/1/31	华北	秦皇岛	¥3.02	成先生	光明北路 643 号		
17	10452	2015/2/20	2015/2/26	华北	秦皇岛	¥140.26	苏先生	高明街 39 号		
18	10252	2014/7/9	2014/7/11	东北	长春	¥51.30	刘先生	东管西林路 87 号		
19	10309	2014/9/19	2014/10/23	东北	长春	¥47.30	周先生	旅顺西路 78 号		
20	10315	2014/9/26	2014/10/3	东北	长春	¥41.76	方先生	关北大路东 82 号		
21	10318	2014/10/1	2014/10/4	东北	长春	¥4.73	方先生	汉正南街 62 号		
22	10253	2014/7/10	2014/7/16	华北	长治	¥58.17	谢小姐	新成东 96 号		

图 4-36 数据排序

（2）单击"数据"选项卡"分级显示"组中的"分类汇总"按钮。在弹出的"分类汇总"对话框中设置"分类字段"为城市、"汇总方式"为求和、"选定汇总项"为订货金额，再单击"确定"按钮即可，如图 4-37 所示。

6. 数据透视表

数据透视表是一种可以对大量数据快速汇总和建立交叉列表的交互式表格。它能够对行

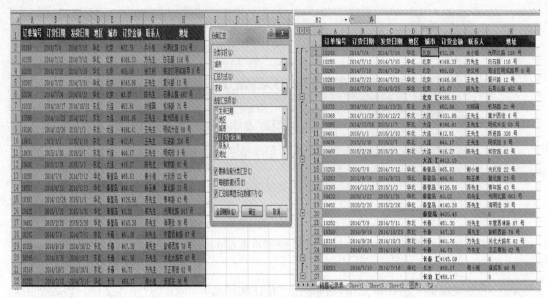

图 4-37　汇总设定及结果

和列进行转换以查看源数据的不同汇总结果，并显示不同页面以筛选数据，还可以根据需要显示区域中的明细数据。数据透视表是一种动态工作表，它提供了一种以不同角度观看数据清单的简便方法。

单击"插入"选项卡"表格"组中的"数据透视表"按钮，再选择"数据透视表"命令，效果 4-38 所示。

图 4-38　数据透视表

任务实施

1. 👁观察：数据菜单、"排序"对话框，如图 4-39 所示。

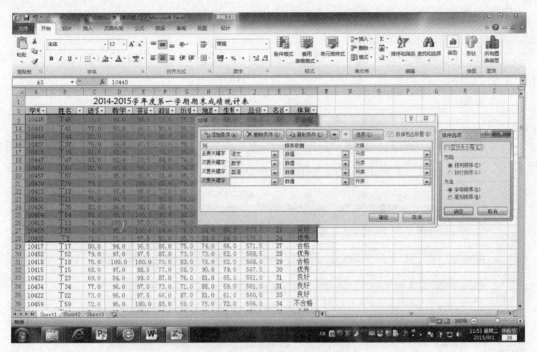

图 4-39　"排序"对话框

2. 动动手

（1）完成如图 4-40 所示的销售记录例样的制作。

要求

① 使用条件格式完成表格，偶数行有底纹，条件 1：公式＝mod（row（），2）。

② 页面设置：每页都打印顶端标题行。

	A	B	C	D	E	F	G	H	I	J
1	订单编号	订货日期	发货日期	地区	城市	订货金额	联系人	地址		
2	10252	2014/7/9	2014/7/11	东北	长春	¥51.30	刘先生	东管西林路 87 号		
3	10309	2014/9/19	2014/10/23	东北	长春	¥47.30	周先生	旅顺西路 78 号		
4	10315	2014/9/26	2014/10/3	东北	长春	¥41.76	方先生	关北大路东 82 号		
5	10318	2014/10/1	2014/10/4	东北	长春	¥4.73	方先生	汉正南街 62 号		
6	10332	2014/10/17	2014/10/21	东北	大连	¥52.84	刘维国	机场路 21 号		
7	10368	2014/11/29	2014/12/2	东北	大连	¥101.95	王先生	冀州西街 6 号		
8	10395	2014/12/26	2015/1/3	东北	大连	¥184.41	王先生	明成大街 58 号		
9	10401	2015/1/1	2015/1/10	东北	大连	¥12.51	王先生	跃进路 326 号		
10	10431	2015/1/30	2015/2/7	东北	大连	¥44.17	王先生	明成街 9 号		
11	10460	2015/2/28	2015/3/3	东北	大连	¥16.27	陈先生	和安路 82 号		
12	10248	2014/7/4	2014/7/16	华北	北京	¥32.38	余小姐	光明北路 124 号		
13	10255	2014/7/12	2014/7/15	华北	北京	¥148.33	方先生	白石路 116 号		
14	10260	2014/7/19	2014/7/29	华北	北京	¥55.09	徐文彬	海淀区明成路甲 8 号		
15	10263	2014/7/23	2014/7/31	华北	北京	¥146.06	王先生	复兴路 12 号		
16	10264	2014/7/24	2014/8/23	华北	北京	¥3.67	陈先生	石景山路 462 号		
17	10253	2014/7/10	2014/7/16	华北	长治	¥58.17	谢小姐	新成东 96 号		

图 4-40　销售记录例样

操作步骤：_____

_____。

（2）在（1）的基础上，复制"销售记录"工作表并改名为"排序"，按主关键字"城市"笔画数递增，次关键字"联系人"笔画数递增排序。

操作步骤：_____

_____。

（3）在（2）的基础上，复制"排序"工作表并改名为"分类汇总"，按"城市"对"订货金额"进行"求和"分类汇总，汇总结果显示在数据下方。分类汇总例样如图 4-41 所示。

	订单编号	订货日期	发货日期	地区	城市	订货金额	联系人	地址		
1	订单编号	订货日期	发货日期	地区	城市	订货金额	联系人	地址		
2	10368	2014/11/29	2014/12/2	东北	大连	¥101.95	王先生	冀州西街 6 号		
3	10395	2014/12/26	2015/1/3	东北	大连	¥184.41	王先生	明成大街 58 号		
4	10401	2015/1/1	2015/1/10	东北	大连	¥12.51	王先生	跃进路 326 号		
5	10431	2015/1/30	2015/2/7	东北	大连	¥44.17	王先生	明成街 9 号		
6	10332	2014/10/17	2014/10/21	东北	大连	¥52.84	刘维国	机场路 21 号		
7	10460	2015/2/28	2015/3/3	东北	大连	¥16.27	陈先生	和安路 82 号		
8					大连 汇	¥412.15				
9	10253	2014/7/10	2014/7/16	华北	长治	¥58.17	谢小姐	新成东 96 号		
10					长治 汇	¥58.17				
11	10315	2014/9/26	2014/10/3	东北	长春	¥41.76	方先生	关北大路东 82 号		
12	10318	2014/10/1	2014/10/4	东北	长春	¥4.73	方先生	汉正南街 62 号		
13	10252	2014/7/9	2014/7/11	东北	长春	¥51.30	刘先生	东管西林路 87 号		
14	10309	2014/9/19	2014/10/23	东北	长春	¥47.30	周先生	旅顺西路 78 号		
15					长春 汇	¥145.09				
16	10263	2014/7/23	2014/7/31	华北	北京	¥146.06	王先生	复兴路 12 号		
17	10255	2014/7/12	2014/7/15	华北	北京	¥148.33	方先生	白石路 116 号		

图 4-41　分类汇总例样

注意： 分类汇总后工作表左侧出现目录栏，其中"＋""－"号可用于打开、收缩某个汇总项目。

操作步骤：_____

_____。

（4）复制"销售记录"工作表并改名为"筛选"，在该工作表中查找"东北地区""大连市""王先生"的所有销售记录。筛选例样如图 4-42 所示。

	订单编号	订货日期	发货日期	地区	城市	订货金额	联系人	地址		
1	订单编号	订货日期	发货日期	地区	城市	订货金额	联系人	地址		
2	10368	2014/11/29	2014/12/2	东北	大连	¥101.95	王先生	冀州西街 6 号		
3	10395	2014/12/26	2015/1/3	东北	大连	¥184.41	王先生	明成大街 58 号		
4	10401	2015/1/1	2015/1/10	东北	大连	¥12.51	王先生	跃进路 326 号		
5	10431	2015/1/30	2015/2/7	东北	大连	¥44.17	王先生	明成街 9 号		

图 4-42　筛选例样

操作步骤：_____

_____

（5）按下面要求完成图表制作。图表练习例样如图 4-43 所示。

计算中心月工资发放统计表（单位：元）

2005-6-4 15:40

序号	姓名	等级工资	国家津贴	校内津贴	书报	交通	洗理	房费	水电气	电视	住房公积金	工会会费	税金	收入	实发
1	袁路	444.00	190.00	503.00	27.00	80.00	26.00	0.00	0.00	0.00	91.00	1.71	86.00	1,270.00	1,091.29
2	马小勤	379.00	179.00	511.00	27.00	15.00	20.00	51.25	121.35	14.00	86.00	1.60	58.20	1,131.00	798.60
3	孙天一	299.00	120.00	406.00	27.00	15.00	20.00	25.65	35.96	14.00	66.00	1.24	9.40	887.00	734.75
4	郯涛	259.00	111.00	402.00	27.00	30.00	26.00	0.00	0.00	0.00	62.00	1.16	3.00	855.00	788.84
5	邱大同	225.00	90.00	385.00	25.00	15.00	20.00	25.65	57.34	14.00	56.00	1.05	0.00	760.00	605.96
6	王亚妮	210.00	90.00	385.00	25.00	15.00	20.00	25.65	57.34	14.00	55.00	1.03	0.00	751.00	597.98
7	吕萧	252.00	108.00	389.00	27.00	30.00	26.00	0.00	0.00	0.00	60.00	1.12	0.00	832.00	770.88
	平均												22.37		769.76
	合计	2,068.00	888.00	2,981.00	185.00	200.00	164.00	128.20	271.99	56.00	476.00	8.91	178.97	6,486.00	5,388.30

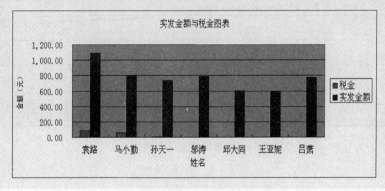

图 4-43　图表练习例样

要求

① 在区域 C16：N33 中嵌入图表，该图表显示每个成员的"实发"和"税金"。

② 选择柱形图表，子图表类型取第一种。

③ 设置图表数据区域（X 轴：姓名列对应数据。Y 轴：顺序选为 M 和 N 列相应数据）。

④ 图表标题：实发金额与税金图表。

⑤ X 轴标题：姓名。Y 轴标题：金额（元）。

⑥ 图例符号说明：顺序为"税金""实发金额"。

⑦ 设置图表区字体为 10 号宋体。

操作步骤：_____

_____

（6）按下面要求完成如图 4-44 所示的汽车销量统计表例样的制作。

要求

① 在 sheet1 上先作出工作表，再在工作表下方区域中嵌入图表。

② 选择折线图表，子图表类型取第 2 排第 1 种。

③ 图表标题：销量前十位中型车。

④ 显示数据表。

⑤ 按例样调整图表格式。

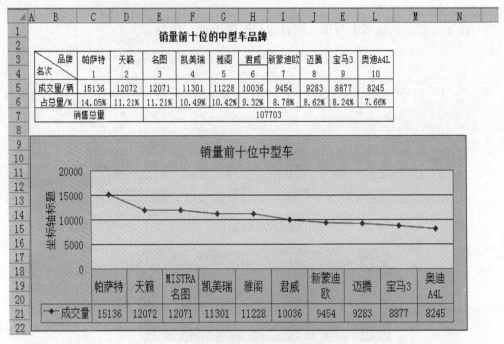

图 4-44　汽车销量统计表例样

操作步骤：_____

_____ 。

任务小结

通过本任务的实施，掌握数据排序的方法；掌握自动筛选和高级筛选的方法，能从已有数据抽取出符合条件的数据；能对数据进行分类汇总，得到想要的数据内容。掌握图表的建立和编辑方法，能利用图表分析数据；了解数据透视表的概念。

思考与练习

1. 填空题

（1）排序是把工作表中的数据按一定的顺序要求_____，排列的依据有_____、_____和_____，可以按列排序，也可以按_____排序。

（2）分类汇总的操作有两个关键要素，一个是_____，另一个是_____；汇总之前，一定要对工作表按分类字段进行_____，否则，分类汇总无法正确执行。

（3）筛选可以方便用户查看工作表中自己所需要的_____数据，有_____和_____两种筛选方式。

（4）要去掉分类汇总的显示信息，可以在分类汇总的对话框中选择_____。

（5）Excel 中图表的类型有许多种，常用的有 _____、_____、_____、_____ 和 _____。选择图表类型的主要依据是能否清楚地表示出数据之间的关系信息。

2. 简答题

（1）在任务实施（4）中使用了"自动筛选"功能，如果要同时查找"大连市"的"王先生"和"陈先生"的销售记录，该如何操作？

（2）如何在工作表中获得最合适的列宽？

（3）如何删除数据透视表中的字段？

任务 5　数据综合处理

在前面的任务中学习了 Excel 常用的制表、图表制作、数据分析处理方法，但现代科技发展是迅速的，这就对我们的能力提出了更高的要求。要努力提高自己的综合能力，特别是提高解决实际问题的应变能力，以适应社会的需求，本任务主要是提高同学们的综合能力。

> 知识点：数据透视表及数据透视图、控件、隐藏（行、列、工作表）

1. ◉观察：获取开发工具选项卡和控件的途径，如图 4-45 所示。

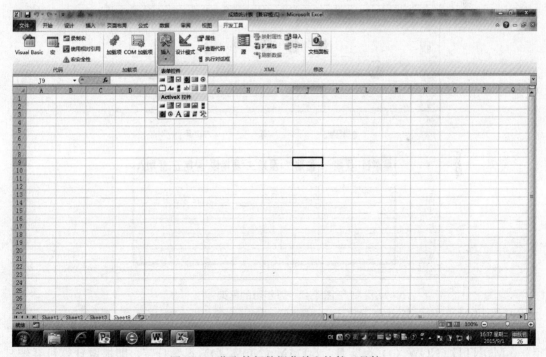

图 4-45　获取外部数据菜单和控件工具箱

2. ✹动动手

（1）完成如图 4-46 所示的万年历例样的制作。

要求

① 填充表格背景。

② 隐藏工作窗口的水平、垂直滚动条。

图 4-46　万年历例样

提示

① 框架制作：按图 4-47 所示制作万年历的框架。

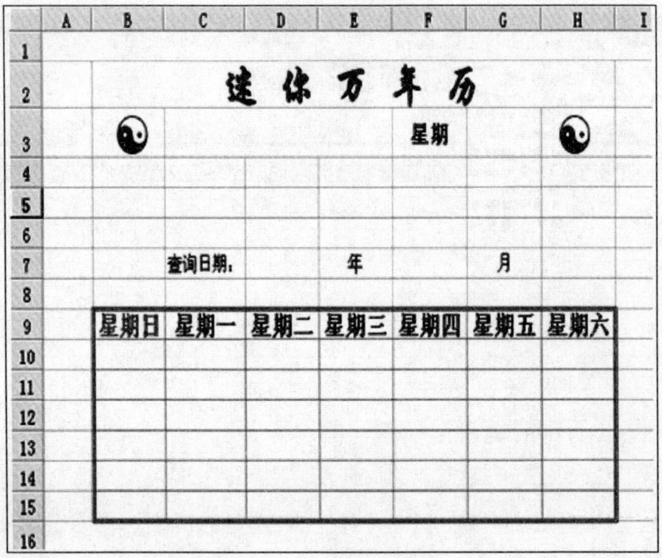

图 4-47　万年历的框架

② 设置当前日期函数：在 C3 单元格中输入"＝"今天是"＆YEAR（NOW（））＆"年"＆MONTH（NOW（））＆"月"＆DAY（NOW（））＆"日""，即提取计算机系统日期为当前日期；在 G3 单元格中输入"＝IF（WEEKDAY（NOW（））－1＝0,"日"，WEEKDAY（NOW（））－1）"，判断当前日期是星期几，并设置 G3 单元格格式为"特殊"的"中文小写数字"。

③ 设置日期推算函数：在 C4，D4 中分别输入"＝IF（D7＜＝0，YEAR（NOW（）），D7）""＝IF（F7＜＝0，MONTH（NOW（）），F7）"，获取查询的"年"和"月"的数据。

在 H4 中输入"＝IF（D4＝2，IF（OR（C4/400＝INT（C4/400），AND（C4/4＝INT（C4/4），C4/100 ＜＞INT（C4/100）)），29，28），IF（OR（D4＝4，D4＝6，D4＝9，D4＝11），30，31)）"，判断查询月份的天数。

在 B5 中输入"＝IF（WEEKDAY（DATE（C4，D4，1），2）＝B6，1，0）"，然后复制到 C5：H5，判断查询月的 1 号是星期几。

在 B6：H6 单元格区域中分别输入"7，1，2，3，4，5，6"，即判断所需要的值。

分别输入 B10＝IF（B5＝1，1，0）、B11＝IF（H10＞＝H4，0，IF（H10＞0，H10＋1，0））、C10＝IF（B10＞＝H4，0，IF（B10＞0，B10＋1，IF（C5＝1，1，0)））、C11＝IF（B11＞＝H4，0，IF（B11＞0，B11＋1，0））；复制 B11 中公式到 B12：B15 中，复制 C10 中公式到 D10：H10 中，复制 C11 中公式到 D11：H11 中，选中 C11：H11 向下复制到 C15：H15 中，最后删除 D15：H15。

④ 添加控件：从控件工具箱中选取"数值调节钮"，在 D7，F7 上绘制两个按钮，分别设置两个按钮的属性。

LinkedCell＝D7，Max＝5 000，Min＝1 900，SmallChang＝1

LinkedCell＝F7，Max＝12，Min＝1，SmallChang＝1

⑤ 设置数据有效性：选择"数据"菜单中的"有效性"设置。D7 单元格：允许为整数，最小值为 1900，最大值为 5000，填写出错警告。F7 单元格：允许为整数，最小值为 1，最大值为 12，填写出错警告。

⑥ 美化表格：通过"工具"菜单中的"选项"去掉由"0"填充的单元格显示和网格线显示；隐藏第 4、5、6 行，添加工作表背景；用"条件格式"对 G3 单元格数据为"六"、"日"时显示为不同字体颜色进行设置。

操作步骤：_____

_____

_____。

（2）完成如图 4-48 所示的销售记录例样的制作。

要求

① 在 sheet1 上完成如图 4-49 中例样 1 所示的数据透视表，并分别按地区、城市、订货日期查看订货金额。

② 创建 2014-1-1 至 2015-1-1 期间的销量统计季报表，如例样 2 所示。

③ 创建 2014-1-1 至 2015-1-1 期间的销量统计季度报表，如例样 3 所示。

④ 依据销量统计季度报表生成数据透视图，如例样 4 所示。

操作步骤：_____

_____

_____。

	A	B	C	D	E	F	G	H	I	J
1	订单编号	订货日期	发货日期	地区	城市	订货金额	联系人	地址		
2	10252	2014/7/9	2014/7/11	东北	长春	¥51.30	刘先生	东管西林路 87 号		
3	10309	2014/9/19	2014/10/23	东北	长春	¥47.30	周先生	旅顺西路 78 号		
4	10315	2014/9/26	2014/10/3	东北	长春	¥41.76	方先生	关北大路东 82 号		
5	10318	2014/10/1	2014/10/4	东北	长春	¥4.73	方先生	汉正南街 62 号		
6	10332	2014/10/17	2014/10/21	东北	大连	¥52.84	刘维国	机场路 21 号		
7	10368	2014/11/29	2014/12/2	东北	大连	¥101.95	王先生	冀州西街 6 号		
8	10395	2014/12/26	2015/1/3	东北	大连	¥184.41	王先生	明成大街 58 号		
9	10401	2015/1/1	2015/1/10	东北	大连	¥12.51	王先生	跃进路 326 号		
10	10431	2015/1/30	2015/2/7	东北	大连	¥44.17	王先生	明成街 9 号		
11	10460	2015/2/28	2015/3/3	东北	大连	¥16.27	陈先生	和安路 82 号		
12	10248	2014/7/4	2014/7/16	华北	北京	¥32.38	余小姐	光明北路 124 号		
13	10255	2014/7/12	2014/7/15	华北	北京	¥148.33	方先生	白石路 116 号		
14	10260	2014/7/19	2014/7/29	华北	北京	¥55.09	徐文彬	海淀区明成路甲 8 号		
15	10263	2014/7/23	2014/7/31	华北	北京	¥146.06	王先生	复兴路 12 号		
16	10264	2014/7/24	2014/8/23	华北	北京	¥3.67	陈先生	石景山路 462 号		
17	10253	2014/7/10	2014/7/16	华北	长治	¥58.17	谢小姐	新成东 96 号		

销售记录表 / Sheet1 / Sheet3 / Sheet2 / 图表1 / 就绪 154%

图 4-48　销售记录例样

	A	B	C	D	E	F	G	H	I	J	K	L	M
1	地区	(全部)											
2													
3	求和项:订货金额	订货日期											
4	城市	2014/7/4	2014/7/8	2014/7/9	2014/7/10	2014/7/12	2014/7/19	2014/7/23	2014/7/24	2014/8/16	2014/9/19	2014/9/26	2014/10/
5	北京	32.38				148.33	55.09	146.06	3.67				
6	长春			51.3							47.3	41.76	4
7	长治				58.17								
8	大连												
9	秦皇岛		65.83							84.81			
10	总计	32.38	65.83	51.3	58.17	148.33	55.09	146.06	3.67	84.81	47.3	41.76	4

例样 1

	B	C	D	E	F	G	H	I
1	(全部)							
2								
3	订货日期							
4	第一季	第三季	第四季	2015-1-1	总计			
5		385.53			385.53			
6		140.36	4.73		145.09			
7		58.17			58.17			
8	12.51		339.2	60.44	412.15			
9		150.64	126.56	143.28	420.48			
10	12.51	734.7	470.49	203.72	1421.42			

例样 2

	A	B	C	D	E
1	地区	（全部） ▼			
2					
3	求和项:订货金额	订货日期 ▼			
4	城市 ▼	第一季	第三季	第四季	总计
5	北京		385.53		385.53
6	长春		140.36	4.73	145.09
7	长治		58.17		58.17
8	大连	72.95		339.2	412.15
9	秦皇岛	143.28	150.64	126.56	420.48
10	总计	216.23	734.7	470.49	1421.42
11					

例样 3

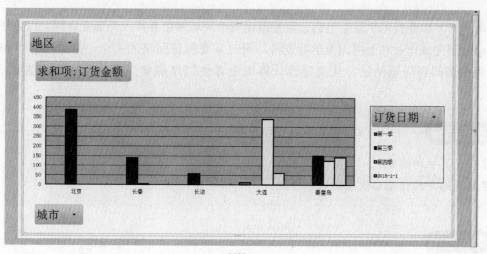

例样 4

图 4-49 数据透视表例样

任务小结

通过本任务的实施，学生能够运用函数、公式、图表、数据透视表分析数据和设计表格，培养学生分析问题、探究学习的能力。

每名同学在组内展示自己设计的作品，交流制作方法和技巧，评选出一个代表小组参加班级展示的作品，这期间可以参照小组同学的意见和建议修改完善。

项目五　网络综合应用

×××× 职业技术学院学生宿舍需要组建一个局域网络并接入外部互联网,以方便学生在业余时间完成作业和上网浏览学习资料,同时又要保证网络的安全,避免在学生访问网络过程中访问到问题网站,从而导致计算机中毒使网络瘫痪。本项目实施安排如表 5-1 所示。

知识目标

了解计算机网络常识。

了解网络中的传输协议以及基本特征。

技能目标

掌握计算机网络的综合应用能力。

根据实际需要对计算机网络进行设置(局域网、互联网)。

使用防火墙和杀毒软件对计算机网络进行安全设置。

表 5-1　项目实施安排

序号	任务名称	基本要求	建议课时
任务 1	应知的网络常识	了解计算机网络的定义、功能、分类和协议,掌握计算机网络的基本常识	2
任务 2	局域网应用	了解域名服务器的配置,掌握网络拓扑图绘制,IP 地址、子网掩码、网关的配置,网络打印机的安装使用和水晶头的制作	4
任务 3	互联网应用	掌握互联网网络配置方法、无线路由设置方法以及 Outlook 的设置和使用	4
任务 4	网络安全与防护	掌握无线网络的安全设置以及网站的访问控制,掌握病毒防治软件的安装、使用、升级和设置	2

任务1 应知的网络常识

在日常的网络访问过程中，不论是相邻计算机的文件共享还是从互联网上下载文件，都需要通过计算机中的各个传输协议以及对应的 IP 地址的解析和编译才能实现。因此，为了更好地实现网络的搭建，必须首先了解计算机网络的定义、功能、分类和协议。

> **知识点**：计算机网络定义、功能、分类、OSI 参考模型、TCP/IP 协议

任务准备

1. 观察与认知

观察图 5-1，认知 OSI 参考模型各层的功能。

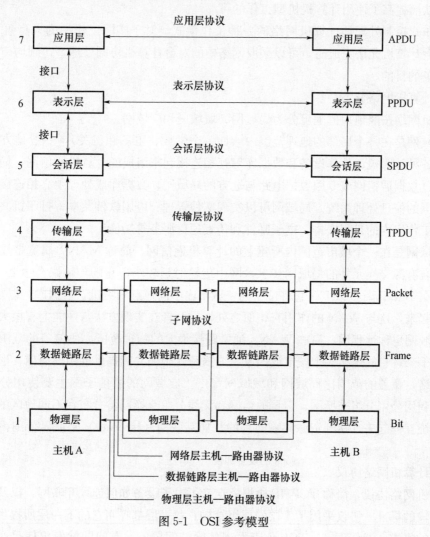

图 5-1 OSI 参考模型

2. 相关知识

（1）计算机网络定义

计算机网络是指将地理位置不同的具有独立功能的多台计算机及其外部设备，通过通信线路连接起来，在网络操作系统、网络管理软件及网络通信协议的管理和协调下，实现资源共享和信息传递的计算机系统。

（2）计算机网络功能

计算机网络的主要功能分为资源共享、数据传递、工作可靠性、分布式控制处理。

• 资源共享是基于网络的资源分享，计算机网络能够共享的信息资源是无限的。通过资源共享可以提高工作效率，所有信息资源可以达到取之不尽、用之不竭的效果。

• 数据传递是计算机网络的基本功能，主要是在计算机之间进行各种信息（文字、图表、图片、音乐、工具软件等）的传递。

• 工作可靠性是指在计算机网络中某一台计算机出现问题后，其他计算机可以代替它完成任务，从而提高了使用计算机机型工作的可靠性。

• 分布式控制处理是计算机网络的一种工作模式，对于实际工作中的大型且复杂的问题，某一台计算机无法完成时，可以采取网络中的对台计算机协同处理，达到均衡负荷、轻松完成任务的目的。

（3）计算机网络分类

计算机网络按照地理范围可分为局域网、城域网和广域网。

• 局域网是在一个局部的地理范围内（如一个学校、工厂和机关），一般是方圆几千米以内，将各种计算机、外部设备和数据库等互相连接起来组成的计算机通信网，简称 LAN。它可以通过数据通信网或专用数据电路与远方的局域网、数据库或处理中心相连接，构成一个较大范围的信息处理系统。局域网可以实现文件管理、应用软件共享、打印机共享、扫描仪共享、工作组内的日程安排、电子邮件和传真通信服务等功能。

• 城域网是在一个城市范围内所建立的计算机通信网，简称 MAN，属宽带局域网。由于采用具有有源交换元件的局域网技术，网中传输时延较小，它的传输媒介主要采用光缆，传输速率在 100Mbps/s 以上。它将位于同一城市内不同地点的主机、数据库，以及 LAN 等互相连接起来，这与 WAN 的作用有相似之处，但两者在实现方法与性能上有很大差别。

• 广域网也称远程网，简称 WAN。通常跨接很大的物理范围，所覆盖的范围从几十千米到几千千米，它能连接多个城市或国家，或横跨几个洲并能提供远距离通信，形成国际性的远程网络，覆盖的范围比局域网和城域网都广。广域网的通信子网主要使用分组交换技术，可以利用公用分组交换网、卫星通信网和无线分组交换网将分布在不同地区的局域网或计算机系统互连起来，达到资源共享的目的。如互联网（Internet）是世界范围内最大的广域网。

（4）计算机网络协议

计算机网络协议，简称 TCP/IP 协议，定义了电子设备如何连入互联网，以及数据在它们之间传输的标准。协议采用了 4 层的层级结构，每一层都呼叫它的下一层所提供的协议来完成自己的需求。通俗而言：TCP 负责发现传输的问题，一有问题就发出信号，要求重新传输，直到所有数据安全正确地传输到目的地。而 IP 是给互联网的每一台联网设备规定一个地址。

任务实施

体验与探索：请根据上面的知识，尝试完成下面的练习，希望通过这些练习，同学们能够举一反三，并更好地理解计算机网络的基本常识。

1. 填写 OSI 7 层模型结构

根据上面给出的 OSI 7 层模型，填写表 5-2 的内容。

表 5-2　OSI 7 层模型

OSI 7 层模型

2. 计算机网络分类

计算机网络按地理范围，可分为_____、_____、_____。

3. TCP/IP 协议

TCP/IP 协议采用_____层的层级结构，当有问题发出信号时，_____，直到所有数据安全正确地传输到目的地。

任务小结

本任务主要介绍了计算机网络的定义、功能、分类、OSI 参考模型及 TCP/IP 协议的概念。通过本任务的学习，可以大致了解计算机网络的基本概念和用途，以及 OSI 各层级的基本功能。

IP 地址的说明如表 5-3 所示。

表 5-3　IP 地址说明

IP 地址分类	说明
A 类	第一组数（前 8 位）表示网络号，且最高位为 0，只有 7 位表示网络号，范围是 1.0.0.0～126.0.0.0，后 24 位表示主机号，A 类地址只分配给超大型网络
B 类	前 16 位表示网络号，后 16 位表示主机号，且最高位为 10，范围是 128.0.0.0～191.255.0.0，常用于中等规模的网络
C 类	前 3 组表示网络号，最后 1 组表示主机号，最高位为 110，范围是 192.0.0.0～223.255.255.0，常用于小型网络
D 类	最高位为 1110，属于多播地址
E 类	最高位为 11110，保留在今后使用

思考与练习

1. 请阐述什么是计算机网络，你知道的计算机网络有哪些？
2. 举例说明你接触过的局域网和广域网。
3. 请阐述 TCP/IP 在实际网络中的用途是什么？

任务 2　局域网应用

在本任务中，需要对宿舍内的局域网络进行搭建以及配置，并制作网线和水晶头，以保证计算机具备良好的网络传输条件。同时，为方便打印，需要将宿舍内的一台网络打印机和路由器连接，以满足每一台电脑的打印需求。

> **知识点：** 网络拓扑图、双绞线、IP 地址、子网掩码、网关、网络打印机

任务准备

1. 观察与认知

(1) 观察图 5-2，认知图中网络设备的名称、结构和基本用途。

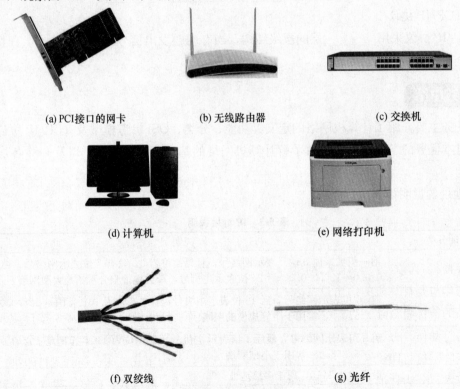

(a) PCI接口的网卡　　　(b) 无线路由器　　　(c) 交换机

(d) 计算机　　　(e) 网络打印机

(f) 双绞线　　　(g) 光纤

图 5-2　网络设备

（2）观察图 5-3，认知网络拓扑结构和基本用途。

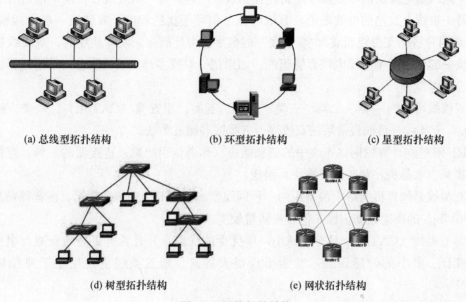

| (a) 总线型拓扑结构 | (b) 环型拓扑结构 | (c) 星型拓扑结构 |

(d) 树型拓扑结构　　　　　　(e) 网状拓扑结构

图 5-3　网络拓扑结构

2. 相关知识

（1）网络设备介绍

• 网卡是工作在链路层的网络组件，是局域网中连接计算机和传输介质的接口。

• 无线路由器可以看作一个转发器，用于将家中接出的宽带网络信号通过天线转发给附近的无线网络设备（笔记本电脑、支持 WiFi 的手机以及所有带有 WiFi 功能的设备）。无线路由器一般都支持专线 xDSL/Cable、动态 xDSL/PPTP 4 种接入方式，同时它还具有其他一些网络管理的功能，如 DHCP 服务、NAT 防火墙、MAC 地址过滤、动态域名等。无线路由器一般只能支持15～20 个设备同时在线使用。现在已经有部分无线路由器的信号范围达到了 300 米。

• 交换机是按照通信两端传输信息的需要，把要传输的信息发送到符合要求的相应路由上的技术的统称，其根据工作位置的不同，可以分为广域网交换机和局域网交换机。广域网交换机就是一种在通信系统中完成信息交换功能的设备，它应用在数据链路层。交换机有多个端口，每个端口都具有桥接功能，可以连接一个局域网、一台高性能服务器或工作站。实际上，交换机有时被称为多端口网桥。

• 打印机是计算机的输出设备之一，用于将计算机处理结果打印在相关介质上。衡量打印机好坏的指标有 3 项：打印分辨率、打印速度和噪声。打印机的种类很多，按打印元件对纸有无击打动作，分为击打式打印机与非击打式打印机；按打印字符结构，分为全形字符打印机和点阵字符打印机；按一行字在纸上形成的方式，分为串式打印机与行式打印机；按所采用的技术，分为柱形、球形、喷墨式、热敏式、激光式、静电式、磁式、发光二极管式等打印机。

• 双绞线是一种综合布线工程中最常用的传输介质，是由两根具有绝缘保护层的铜导线组成的。把两根绝缘的铜导线按一定密度互相绞在一起，每一根导线在传输中辐射出来的电波会被另一根线上发出的电波抵消，有效降低了信号干扰的程度。双绞线一般由两根22～26号绝缘铜导线相互缠绕而成，"双绞线"的名字也由此而来。实际使用时，双绞线是由多对双绞线一起包在一个绝缘电缆套管里的。如果把一对或多对双绞线放在一个绝缘套管中便成了双绞线电缆。

• 双绞线可分为一类、二类、三类、四类、五类、超五类（CAT5E）、六类、超六类CAT6A、七类线，目前最常用的双绞线为五类线和超五类线。

• RJ-45是在计算机网络布线中的信息插座（即通信引出端）连接器的一种，连接器由插头（接头、水晶头）和插座（模块）组成。

• 五类线是计算机网络中最常用的一种网线型号，主要用来传输数据、话音等信息，适用于100Mbps的高速数据传输，但自身质量较差。

• 超五类线（CAT5E）具有衰减小，串扰少的优点，并且具有更高的衰减与串扰的比值和信噪比、更小的时延误差，性能得到很大提高。超五类线主要用于千兆位以太网（1000Mbps）。

（2）网络拓扑结构

网络拓扑结构是指互连各种计算机以及网络设备的物理布局，拓扑图给出网络服务器、工作站的网络配置和相互间的连接方式，在进行局域网搭建前，必须要进行网络拓扑结构设计，主要有总线结构、环型结构、星型结构、树型结构、网状结构等。

任务实施

体验与探索：在任务1中，已经了解过OSI七层模型的功能，熟悉了计算机网络的定义、功能、分类和协议的相关概念，下面通过介绍网络拓扑图的绘制和网线制作以及硬件系统的安装，来实际体验这些概念在实际操作中的应用。

1. 利用Visio软件绘制网络拓扑图

组建局域网前，需要先绘制好网络拓扑结构图，通过结构图进行局域网的组建。下面来体验下如何使用Visio软件绘制网络拓扑结构图。具体操作如下：

（1）启动Visio软件，选择"详细网络图"→"创建"命令。

（2）单击"网络位置"选项卡下的"云形"图标，并移动到编辑区域中，通过"编辑文字"输入"ADSL"字样，如图5-4所示。

（3）单击"网络和外设"选项卡下的"路由器"图标，并移动到编辑区域，通过"编辑文字"输入"路由器"字样，如图5-5所示。

（4）同样，在"计算机和显示器"和"网络和外设"选项卡下分别单击PC和"打印机"图标，并移动到编辑区域，分别通过"编辑文字"输入"PC"和"打印机"字样，如图5-6所示。

（5）在"网络和外设"选项卡中单击"通信链路"图标，并移动到"ADSL"和"路由器"中间。

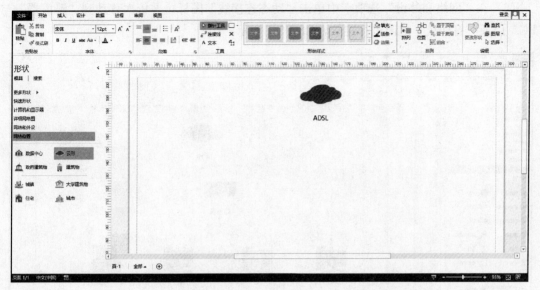

图 5-4 插入云形

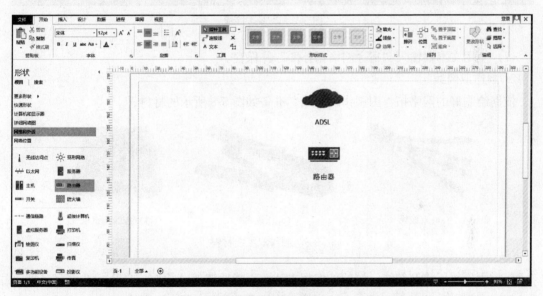

图 5-5 插入路由器

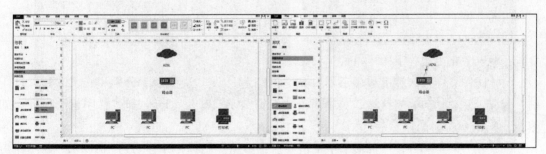

图 5-6 插入 PC、打印机和通信链路

（6）在"网络和外设"选项卡中单击"动态连接线"图标，并依次移动到"路由器"与"PC"以及"打印机"之间进行连接，如图5-7所示。

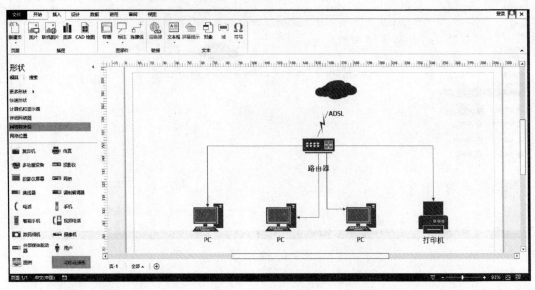

图5-7　动态连接线

（7）使用文本框输入"宿舍网络拓扑图"并保存。

2. 制作双绞线

依据绘制好的网络拓扑图制作双绞线。准备如图5-8所示的材料。

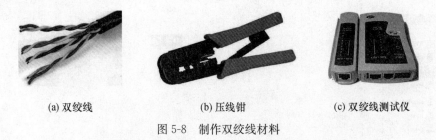

(a) 双绞线　　　　　　　　　(b) 压线钳　　　　　　　　(c) 双绞线测试仪

图5-8　制作双绞线材料

（1）用压线钳将双绞线一端的外皮剥去3cm，然后按EIA/TIA 568B标准顺序（即：白橙，橙，白绿，蓝，白蓝，绿，白棕，棕）将线芯并拢，如图5-9所示。

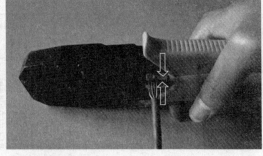

图5-9　568B标准顺序

（2）使用压线钳将 8 根线芯放到切口处，在同一平面上并拢且尽量直，留下一定的线芯长度约 1.5cm 处剪齐。

（3）将双绞线插入 RJ-45 水晶头中，插入过程均衡力度直到插到尽头，并且检查 8 根线芯是否已经全部充分、整齐地排列在水晶头里面。

（4）用压线钳用力压紧水晶头，使 RJ-45 插头的针脚都能接触到双绞线的芯线，如图 5-10 所示。

图 5-10 压紧 RJ-45 水晶头

（5）重复（1）～（4）的步骤去制作另一端网线接口。将制作好的网线两端分别插到双绞线测试仪上，打开测试仪开关，观察测试指示灯是否亮起来。如果正常网线，两排的指示灯都是同步亮的，反之，证明该线芯连接有问题，应重新制作，如图 5-11 所示。

图 5-11 使用网线测试仪进行测试

> **注意**
> 568A 标准：白绿，绿，白橙，蓝，白蓝，橙，白棕，棕。
> 568B 标准：白橙，橙，白绿，蓝，白蓝，绿，白棕，棕。

3. 局域网络的安装与配置

目前网线已经制作完成，下面根据网络拓扑图，将计算机、路由器、网络打印机使用网线进行连接，并在电脑上配置局域网 IP、子网掩码、网关。具体操作如下：

（1）查看"设备管理器"中的"网络适配器"，如果在该网卡名称前出现一个黄色的大问号（"?"），表示该网卡驱动程序有问题或者没有安装，需要对该计算机的网卡进行重新安装或修复，直到黄色大问号消失，如图 5-12 所示。

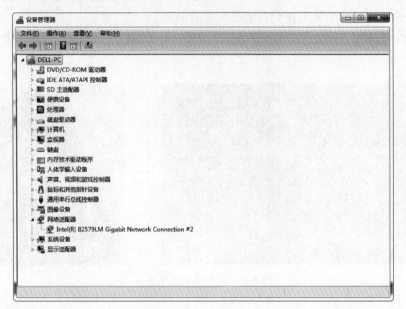

图 5-12　设备管理器

（2）启动"开始"→"运行"命令，打开"运行"对话框，在"打开"文本框中输入"cmd"，打开 DOS 窗口，输入"ping 127.0.0.1 -t"后并按 Enter 键，如果此时出现如图 5-13所示的信息，则证明网卡驱动安装正常。

图 5-13　测试网卡驱动命令

（3）一般情况下，局域网 IP 地址推荐的范围是"192.168.1.1～192.168.1.254"，因此需要按照如下步骤设置每一台电脑的 IP 地址，子网掩码为 255.255.255.0，DNS 一般为

192.168.1.1，其他各项默认处理即可。打开"Internet 协议版本 4（TCP/IPv4）属性"对话框，设置 IP 地址。

（4）保存设置后，打开"运行"对话框，在任意一台计算机上通过命令"ping 192.168.1.x"（x 代表任意一台计算机制 IP 最后一组数字，如 ping 192.168.1.56）进行测试。

如果网络连通性正常，则出现如下信息：

Ping 192.168.1.56 with 32 bytes of data：

Reply from 192.168.1.56：byte＝32 time＜10ms TTL255

Reply from 192.168.1.56：byte＝32 time＜10ms TTL255

Reply from 192.168.1.56：byte＝32 time＜10ms TTL255

Reply from 192.168.1.56：byte＝32 time＜10ms TTL255

如果网络不通，则会出现如下信息：

Request timed out.

Request timed out.

Request timed out.

Request timed out.

此时请返回前面，仔细检查网卡安装和网络配置是否正常。

4. 安装网络打印机

下面对网络打印机进行安装，以确保局域网内的每一天电脑都可以单独使用打印机进行打印工作。

（1）选择"开始"→"设备和打印机"命令，打开"设备和打印机"窗口。

（2）依次选择"添加打印机"→"添加网络、无线或 Bluetooth 打印机"命令，如图 5-14 所示。

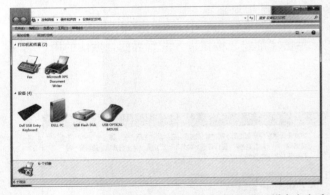

图 5-14　设备与打印机

（3）此时开始自动搜索在局域网络内的打印机，当搜索到后，会在列表中显示，如图 5-15 所示。

（4）在列表中选择需要连接的打印机，并单击"下一步"按钮。此时会弹出"连接到打印机"提示框，单击"是"按钮。

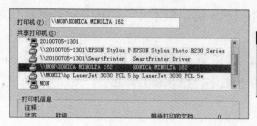

图 5-15 网络打印机列表

（5）安装驱动程序，并完成安装。

5. ADSL 宽带接入设置

下面以无线路由器接入 ADSL 为例来说明局域网如何接入 ADSL。具体操作如下：

（1）将 ADSL 网线插入无线路由器的 RJ-45 接口，如图 5-16 所示。

图 5-16 ADSL 网线同时连接电脑和路由器

（2）准备一根网线用于连接电脑和无线路由器以便进入无线路由器界面进行配置。

（3）打开浏览器，在地址栏中输入路由器的地址，如 192.168.0.1 或 192.168.1.1，如图 5-17 所示。

图 5-17 路由器 IP 地址

（4）在登录界面输入用户名和密码，单击"确定"按钮进入配置界面，默认的用户名和密码都是 admin，如图 5-18 所示。

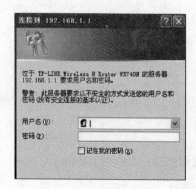
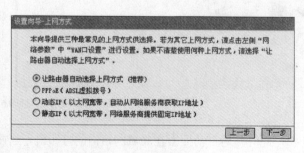

图 5-18 路由器登录界面

（5）单击设置向导，选择 PPPoE（ADSL 虚拟拨号）上网方式。

（6）在设置上网口令页面输入 ADSL 的"上网账号""上网口令"以及"确认口令"，并单击"下一步"按钮，如图 5-19 所示。

设置向导

请在下框中填入网络服务商提供的ADSL上网帐号及口令，如遗忘请咨询网络服务商。

上网帐号：

上网口令：

确认口令：

`上一步` `下一步`

图 5-19 上网口令

（7）在打开的上网设置完成页面单击"完成"按钮，即可完成局域网通过路由器接入 ADSL 的设置。

> **注意：** 计算机和路由器需要在一个网段时才能进入到配置页面进行配置，如果使用的是静态 IP 地址进行上网，需要选择"静态 IP"连接方式，并填入固定的静态 IP 地址、子网掩码、网关、DNS 服务等信息。

任务小结

1. 各类型网络拓扑结构的特点如表 5-4 所示。

表 5-4 网络拓扑结构特点

拓扑结构分类	特　点
总线型拓扑结构	结构简单、灵活，方便扩展，共享能力强，方便进行广播式传输，相应速度快，但负荷重时性能将下降，局部故障不影响整体，但总线故障则会导致整个网络出问题，易安装，费用低，各个站点平等，都有权证用总线进行传输
环形拓扑结构	电缆长度短，只需要将各节点逐次相连。可使用光纤。光纤的传输速率很高，特别适合环形拓扑的单方面传输。所有站点都能公平访问网络的其他部分，网络性能稳定。节点故障会引起全网故障，是因为数据传输需要通过环上的每一个节点，如某一节点故障，则引起全网故障。节点的加入和撤出过程复杂
星型拓扑结构	控制简单。任何一站点只和中央节点相连接，因而这种访问控制方法简单，致使访问协议也十分简单。易于网络监控和管理。故障诊断和隔离容易。中央节点对连接线路可以逐一隔离进行故障检测和定位，单个连接点的故障只影响一个设备，不会影响全网。方便服务。中央节点可以方便地对各个站点提供服务和网络重新配置。需要耗费大量的电缆，安装、维护的工作量也骤增。中央节点负担重，形成"瓶颈"，一旦发生故障，则全网受影响。各站点的分布处理能力较低
树型拓扑结构	连结简单，维护方便，适用于汇集信息的应用要求。易于扩展。故障隔离较容易。资源共享能力较低，可靠性不高，任何一个工作站或链路的故障都会影响整个网络的运行。并且各个节点对根的依赖性太大
网状拓扑结构	网络可靠性高，一般通信子网中任意两个节点交换机之间，存在着两条或两条以上的通信路径，这样，当一条路径发生故障时，还可以通过另一条路径把信息送至节点交换机。网络可组建成各种形状，采用多种通信信道和多种传输速率。网内节点共享资源容易。可改善线路的信息流量分配。可选择最佳路径，传输延迟小。控制复杂，软件复杂。线路费用高，不易扩充

2. 586A 和 568B 详细介绍和排线示意图如表 5-5 所示。

表 5-5　568A 和 568B 排线介绍

名称	说明
交叉线	做法是一头采用 568A 标准，一头采用 568B 标准。适用于电脑连接到电脑
平行线	两头同为 568A 标准或 568B 标准（一般用到的都是 568B 平行线的做法）。适用于电脑连接到路由器或交换机
排线示意图	

思考与练习

1. 如果两间宿舍需要连接到一个局域网络中，应如何绘制网络拓扑图？

2. 相同设备是否可以用平行线来进行连接？

3. 请尝试用一根双绞线同时制作成网线和电话线来共同使用。

任务 3　互联网应用

在本任务中，需要将宿舍内设置好的局域网络接入到 ADSL 中，为方便手机与计算机直接进行网络连接，需要使用 TP-LINK 建立 WiFi 网络。同时，为方便上交电子版作业，需要安装并配置 Outlook 电子邮件软件。

知识点：域名、WWW、FTP、HTTP、Outlook 电子邮件、浏览器、即时通信

任务准备

1. 观察与认知

（1）观察图 5-20，认知下面的域名，了解其名称、结构和基本用途。

图 5-20 域名

（2）观察图 5-21，认知下面的 Outlook 邮件界面，了解其名称、结构和基本用途。

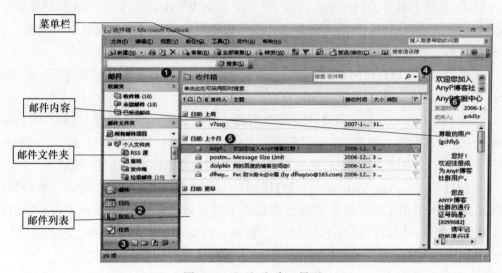

图 5-21 Outlook 窗口界面

（3）观察图 5-22，认知下面的浏览器，了解其名称和区别。

| (a) Internet | (b) Firefox | (c) Google Chrome | (d) Safari |

图 5-22 浏览器

2. 相关知识

· 域名（Domain Name）由一串用点分隔的名字组成的 Internet 上某一台计算机或计算机组的名称，用于在数据传输时标识计算机的电子方位。例如，www.baidu.com 是 IP 地址为 61.135.169.125 的服务器的域名。

· WWW（World Wide Web）简称 3W，有时也叫 Web，中文译名为万维网，环球信息网，以超文本标注语言（HTML 语言）与超文本传输协议为基础将文字、图片、视频等信息展示为可视化的一个途径。

· FTP（File Transfer Protocol，为文件传输协议），在 FTP 的使用当中，有两个概念："下载"（Download）和"上传"（Upload）。"下载"就是从远程主机拷贝文件至自己的计算机上；"上传"就是将文件从自己的计算机中拷贝至远程主机上。

• HTTP（HyperText Transfer Protocol，超文本传输协议），是从 WWW 服务器传输超文本到本地浏览器的传输协议，在访问网站时，需要有 HTTP 和 WWW 共同配合使用才能正常访问网站中的信息。

• 电子邮件是一种用电子手段提供信息交换的通信方式，是互联网应用最广的服务。通过网络的电子邮件系统，用户可以以低廉的价格、快速的方式，与世界上任何一个角落的网络用户联系。电子邮件可以是文字、图像、声音等多种形式。同时，用户可以得到大量免费的新闻、专题邮件，并实现轻松的信息搜索。

• Outlook 是微软办公软件套装的组件之一，它对 Windows 自带的 Outlook express 的功能进行了扩充。Outlook 的功能很多，可以用来收发电子邮件、管理联系人信息、记日记、安排日程、分配任务等。

• 浏览器是指可以显示网页服务器或者文件系统的 HTML 文件（标准通用标记语言的一个应用）内容，并让用户与这些文件交互的一种软件。

• Internet Explorer 是美国微软公司推出的一款网页浏览器。原称 Microsoft Internet Explorer（6 版本以前）和 Windows Internet Explorer（7、8、9、10、11 版本），简称 IE。在 IE7 以前，中文直译为"网络探路者"，但在 IE7 以后官方称为"IE 浏览器"。

• 即时通信（Instant Messaging）是目前 Internet 上最为流行的通信方式，各种各样的即时通信软件也层出不穷，服务提供商也提供了越来越丰富的通信服务功能。常用的有 QQ、易信、微信、钉钉、百度 HI、飞信、易信、阿里旺旺、京东咚咚、Skype、Google Talk、ICQ、FastMsg 等。

任务实施

体验与探索：通过上面的知识，已经体验了如何组建一个局域网，下面来介绍 Outlook 软件配置、即时通信软件的使用以及搜索与保存网页的方法。

1. 对图 5-23 中提供的网址和域名进行连线练习

ftp://ftp.yaan.com.cn/ (a)	IP 地址 (1)
http://www.baidu.com/ (b)	一级域名 (2)
http://baidu.com/ (c)	www 万维网 (3)
http://image.baidu.com/ (d)	FTP 网站 (4)
114.114.114.114 (e)	二级域名 (5)
192.168.1.21 (f)	DNS 服务器 (6)

图 5-23　域名列表

2. 访问 FTP 网站和 HTTP 网站

下面体验一下访问 FTP 网站和 HTTP 网站的不同，具体操作步骤如下：

（1）打开计算机上的浏览器，如 Internet Explorer（请确保当前计算机已经连接到互联网）。

（2）在浏览器的地址栏中输入经常访问的网址，如 http://www.baidu.com 进行访问。

（3）在浏览器的地址栏中输入一个 FTP 网址，请输入自己学校的 FTP 网址进行访问。

（4）观察 HTTP 网址和 FTP 网址在浏览器中打开后的区别，如图 5-24 所示。

 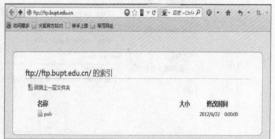

图 5-24　HTTP 网站和 FTP 网站

> **注意**：大部分 FTP 网站是需要进行登录才能访问的，这是为了提高 FTP 网站的安全性。

3. Outlook 软件的设置以及使用

下面来介绍一下关于 Outlook 软件的设置和使用方法。

选择"开始"菜单中的 Microsoft Office→Microsoft Outlook 软件，打开 Outlook。第一次启动 Outlook 时会弹出一个设置向导，可以使用该向导来设置 Outlook，当然也可以关闭该向导（单击"取消"按钮，然后单击"是"按钮），在"工具"菜单里进行设置。

下面介绍这两种设置的方法，以设置向导为例，具体操作如下：

（1）进入设置向导后，选中"Microsoft Exchang、POP3、IMAP 或 HTTP"单选按钮，单击"下一步"按钮，如图 5-25 所示。

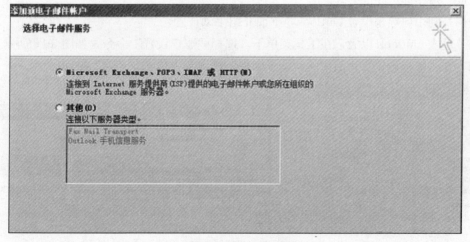

图 5-25　添加新电子邮件账户

（2）打开"添加新电子邮件账户"对话框，在其中输入名字、邮箱地址、邮箱的密码，重复输入密码。这个邮箱可以是 126、163、qq 等各种邮箱地址，单击"下一步"按钮，如图 5-26 所示。

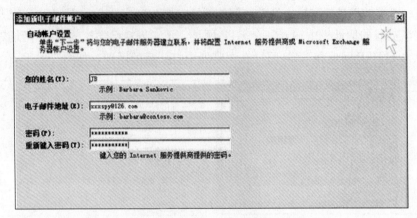

图 5-26　自动账户设置

（3）弹出对话框，询问是否允许网站配置服务器的设置，单击"允许"按钮，等待几分钟就会看到配置完毕的提示，如图 5-27 所示。

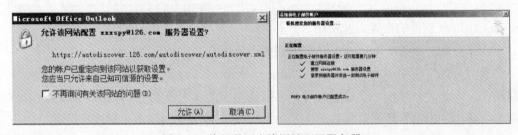

图 5-27　询问是否允许网站配置服务器

（4）当"联机搜索服务器设置"页面中提示"POP3 电子邮件账户已配置成功"时，单击"完成"按钮即可完成配置。

上面是利用向导来设置 Outlook，下面介绍手动设置。

（1）进入 Outlook 以后，在工具菜单下，选择"账户设置"命令，如图 5-28 所示。

（2）在"账户设置"页面中的"电子邮件"选项卡中单击"新建"按钮。

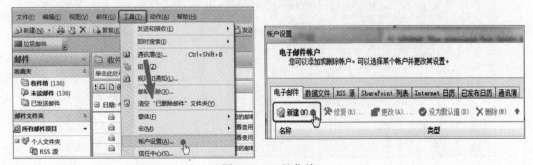

图 5-28　工具菜单

（3）在弹出的设置向导中选中"Microsoft Exchang、POP3、IMAP 或 HTTP"单选按钮，如图 5-29 所示。

（4）选中"手动配置服务器设置或其他服务器类型"复选框，单击"下一步"按钮。

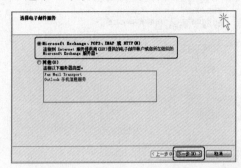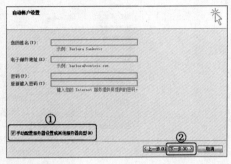

图 5-29 添加新电子邮件账户

（5）选中"Internet 电子邮件（I）"单选按钮并单击"下一步"按钮，如图 5-30 所示。

（6）输入账户信息，然后单击"其他设置"（不要选中"要求使用安全密码验证（SPA）进行登录"复选框）。

图 5-30 选择电子邮件服务

（7）选择"发送服务器"选项卡，选中"我的发送服务器要求验证"复选框，如图 5-31 所示。

（8）选择"高级"选项卡并选中"在服务器上保留邮件的副本"复选框，然后单击"确定"按钮。

图 5-31 发送服务器

（9）单击"下一步"按钮，如图 5-32 所示。

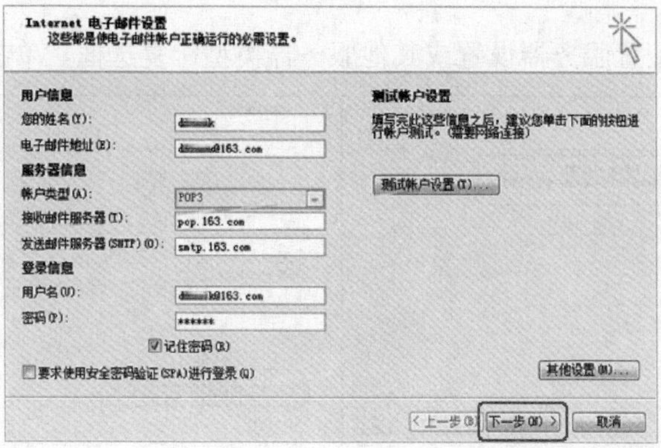

图 5-32 电子邮件设置

（10）单击"完成"按钮完成配置。

> **注意：**
> 账户类型选择：
> POP3
> 接收邮件服务器（I）的输入框中输入 pop.163.com。
> 发送邮件服务器（SMTP）（O）后的输入框中输入 smtp.163.com。
> IMAP
> 接收邮件服务器（I）的输入框中输入 imap.163.com。
> 发送邮件服务器（SMTP）（O）后的输入框中输入 smtp.163.com。

4. Outlook 客户端和网站邮箱发送邮件

下面体验一下 Outlook 客户端和网站邮箱进行收发邮件的异同。

（1）打开 Microsoft Outlook 软件，单击"新建"按钮，在"收件人"文本框中输入收件人的电子邮箱，在"主题"文本框中输入主题，编辑好需要发送的内容，单击"发送"按钮，如图 5-33 所示。

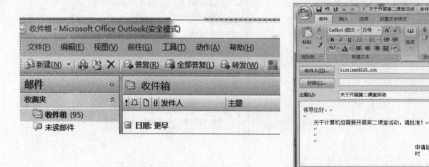

图 5-33 Outlook 客户端发送邮件

（2）打开浏览器登录到网页的邮箱，单击"写信"按钮，编辑好需要发送的内容，单击"发送"按钮，如图 5-34 所示。

 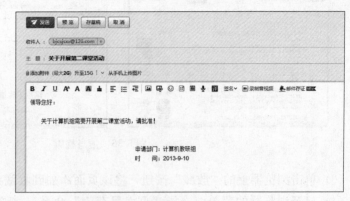

图 5-34 网站邮箱发送邮件

（3）分别使用 Outlook 客户端和网页邮箱去接收同学发送给你的邮件，观察这两种接收方式的异同。

5. 即时通信软件的使用

即时聊天工具已经充斥了我们的生活和工作，下面体验下两个即时聊天工具的异同。

（1）在浏览器中分别输入 QQ 的下载地址 http：//im.qq.com/和微信的下载地址 http：//weixin.qq.com/，分别下载客户端到电脑并安装。

（2）分别使用 QQ 和微信建立"讨论组"和"群"，并在其中进行文字、声音、图片和视频等交流讨论，如图 5-35 所示。

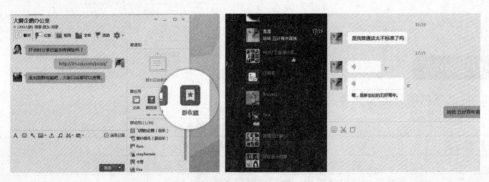

图 5-35 QQ 和微信

（3）观察这两个客户端在使用过程中的异同。

6. 资料搜索与网页保存

（1）打开浏览器，并在地址栏中输入网址 http：//www.baidu.com，在搜索框中输入关键词"建筑工程施工合同范本"，关键词之间用空格隔开，并单击"百度一下"按钮，进行搜索。

（2）单击搜索结果列表中的"建筑工程施工合同（示范文本）GF-2013－0201 百度文库"的链接，打开该页面进行查看，如图 5-36 所示。

图 5-36 信息检索

（3）单击浏览器上的"收藏"按钮，将该页面添加到收藏夹中。

（4）打开浏览器的菜单，选择"页面另存为"命令，将该页面保存到本地磁盘中，如图 5-37 所示。

图 5-37 收藏和保存

任务小结

1. 常见域名的分类及其含义如表 5-6 所示。

表 5-6 常见域名分类和含义

域名的分类	域名的含义
.COM	用于工、商、金融等企业，属于国际通用，是最常见的顶级域名
.NET	最初是用于网络组织，如因特网服务商和维修商
.ORG	是为各种组织包括非盈利组织而定的
.CN	是专属中国的域名
.EDU	主要用于教育机构使用
.COM.CN	指该网站处于中国境内使用，而该网站同时也可在其他国家使用，只是 .COM 后面的 .CN 会换成对应的其他国家的专属域名
.INFO	主要用于提供信息服务的企业来使用
.AC	主要用于科研机构使用
.TV	原是太平洋岛国图瓦卢"Tuvalu"的国家代码顶级域名，但因为它也是"television"（电视）的缩写，主要应用在视听、电影、电视等全球无线电与广播电台领域内

2. Outlook 使用技巧简介如表 5-7 所示。

表 5-7　Outlook 使用技巧

技巧名	方法
符合您工作习惯的设置	通过选择"视图"菜单中的"阅读窗格"命令来调整阅读窗格的位置； 通过"视图"菜单中的"待办事项栏"命令来调整待办事项栏的显示； 通过"视图"菜单中的"导航窗格"命令来调整导航窗格的显示状态
拽出来的高效	需要安排日程的时候，只需双击日历上的日期，即可快速安排约会。 如果针对某一封邮件需要安排会议，或者添加一个任务，只需要选中邮件，拖拽到日历的相应日期上，或者拖拽到任务列表中即可。 临近的约会会在待办事项栏中显示，随时提醒您不要错过重要事情
使用颜色标记	Outlook 2007 中每个邮件的后面都会有一个圆角正方形"类别"的标记，单击它就能够快速为邮件设置不同的颜色，用以标记邮件的类别。用好这个功能能够让我们效率大增。 您可以右击这个小方块，选择"所有类别"命令，在弹出的对话框中对颜色类别的名称进行设定，如红色代表"重要事项"，绿色代表"个人事件"，黄色代表"电话会议"，蓝色代表"出差"……这样，在收到一封邮件后，就可以根据内容进行类别的标记了，并且类别标记可以设置多个，只需多次单击类别图标即可。另外，邮件设置好类别后也会方便进行检索，如可以直接在搜索框中输入"出差"，那么所有之前标记了蓝色"出差"标记的邮件都会被检索到。这个标记类别还适用于日历中的日程
重要人物特别待遇	选择"工具"菜单下的"组织"命令，在"组织"设置界面中选择"使用颜色"，设置"发件人为……"的时候使用"红色"，之后单击"应用颜色"按钮
日历重叠显示	Outlook 可以打开多个日历以便安排和管理时间，但是日历并排显示的视图经常让我们疲于不停地转动脖子两边来回查看。在 Outlook 2007 有了一个很体贴的改进：日历重叠显示。当您需要打开两个或多个日历来查看和安排日程的时候，每个日历的名称旁边都会有一个箭头形状的按钮，单击这个按钮，日历就可以以一种重叠的视图显示出来。上面的日历会正常显示，而被覆盖在下面的日历将以浅色显示以示区别
邮件定时发送	让电子邮件按需、定时发送的技巧是提前撰写好邮件，在新邮件的界面中写好标题和收件人，之后选择"选项"选项卡，单击"延迟传递"按钮，在弹出的对话框中设置"传递不早于"选项，这样邮件就会在发件箱里，直到设定的时间到了，Outlook 执行自动发送/接收时才会被自动发送出去

思考与练习

1. 请阐述使用邮件客户端和网站邮箱进行收发邮件的异同。

2. 在 Outlook 中尝试对收件人进行分组设置。

3. 如何将一封邮件保存到电脑的 E 盘中？

任务 4　网络安全与防护

执行完上面的任务，宿舍中的所有计算机都已经能够访问外部网络了，而为确保计算机的数据安全和防止一些不良网站推广，本任务需要对现有的网络进行网络安全设置并加设网站黑名单，同时，需要对宿舍中的每台计算机加装杀毒软件。

知识点：WPA-PSK/WPA2-PSK、MAC 地址、杀毒软件安装、杀毒软件使用

任务准备

1. 观察与认知

（1）观察图 5-38，了解其名称和基本用途，并填出对应的名称。

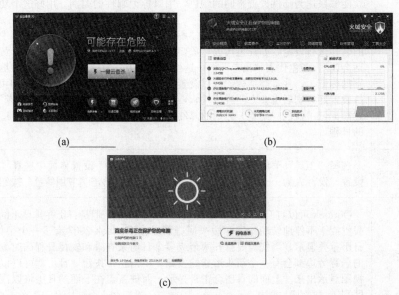

(a)＿＿＿＿＿＿　　　　　　(b)＿＿＿＿＿＿

(c)＿＿＿＿＿＿

图 5-38　杀毒软件

图 5-38 为常用的 3 款杀毒软件：百度杀毒、火绒安全、金山毒霸，除了这 3 款以外还有很多杀毒软件，它们的主要功能是用来防止计算机病毒破坏计算机系统软硬件。

（2）观察图 5-39，认知其名称和基本用途。

00-23-5A-15-99-42

图 5-39　MAC 地址

2. 相关知识

· 杀毒软件是一种可以对病毒、木马等一切已知的对计算机有危害的程序代码进行清除

的程序工具。"杀毒软件"是由国内的老一辈反病毒软件厂商起的名字，后来由于和世界反病毒业接轨统称为"反病毒软件""安全防护软件"或"安全软件"。集成防火墙的"互联网安全套装""全功能安全套装"等是用于消除电脑病毒、特洛伊木马和恶意软件的一类软件，都属于杀毒软件范畴。杀毒软件通常集成监控识别、病毒扫描和清除以及自动升级等功能，有的反病毒软件还带有数据恢复、防范黑客入侵、网络流量控制等功能。

• 计算机病毒（Computer Virus）是编制者在计算机程序中插入的破坏计算机功能或者数据的代码，能影响计算机使用并且能自我复制的一组计算机指令或者程序代码。计算机病毒具有传播性、隐蔽性、感染性、潜伏性、可激发性、表现性和破坏性等特点。它的生命周期为开发期→传染期→潜伏期→发作期→发现期→消化期→消亡期。

• PSK 是预共享密钥，是用于验证 L2TP/IPSec 连接的 Unicode 字符串，可以配置"路由和远程访问"来验证支持预共享密钥的 VPN 连接。许多操作系统都支持使用预共享密钥，包括 Windows Server 2003 家族和 Windows XP。也可以配置运行 Windows Server 2003 家族版的"路由和远程访问"的服务器，使用预共享密钥验证来自其他路由器的连接。

• MAC 地址是媒体访问控制，或称为物理地址、硬件地址，用来定义网络设备的位置。在 OSI 模型中，第 3 层网络层负责 IP 地址，第 2 层数据链路层则负责 MAC 地址。因此一个主机会有一个 MAC 地址，而每个网络位置会有一个专属于它的 IP 地址。MAC 地址是由网卡决定的，是固定的。

任务实施

体验与探索：通过上个任务，已经体验了邮箱的设置以及在网上进行信息检索与收藏的方法，下面来介绍在电脑上网过程中应如何保障网络安全以及计算机自身系统的安全。

1. WPA-PSK/WPA2-PSK 的设置

上面任务安装的无线路由器，本身的无线网络是没有密码的，为了保障网络安全，下面介绍对无线路由器设置密码的方法。

（1）进入到无线路由器的设置界面，选择"无线设置"→"基本设置"命令，打开"无线网络基本设置"对话框，输入 SSID 号并选择模式为"11bgn mixed"，同时开启"无线功能"和"SSID 广播"，完成后单击"保存"按钮，如图 5-40 所示。

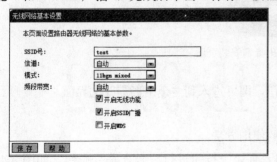
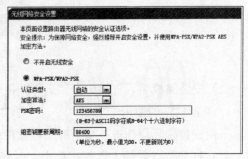

图 5-40　WAP-PSK/WAP2-PSK

（2）选择"无线设置"→"无线安全设置"命令，打开"无线网络安全设置"对话框，选中"WPA-PSK/WPA2-PSK"单选按钮，并输入 PSK 密码，单击"保存"按钮。

2. MAC 地址过滤

设置好无线网络密码后，还需要对无线网络进行 MAC 地址过滤，这样即便有人恶意连接了该无线网络，也是无法上网的。下面介绍 MAC 地址过滤的设置方法。

（1）进入无线路由器的设置界面，选择"安全设置"→"防火墙设置"命令，选中"开启防火墙"和"开启 MAC 地址过滤"复选框，选中"仅允许已设 MAC 地址列表中已启用的 MAC 地址访问 Internet"单选按钮，并单击"保存"按钮，如图 5-41 所示。

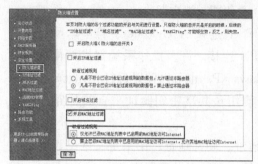 

图 5-41　MAC 地址过滤

（2）选择"安全设置"→"MAC 地址过滤"→"添加新条目"命令，并输入需要连接到无线网络的设备自身的 MAC 地址，选中"可用"，单击"保存"按钮。

3. 杀毒软件的安装

在对无线网络进行安全设置后，下面需要对计算机进行杀毒软件的安装，具体方法如下：

（1）在浏览器地址栏中输入 http：//www.ijinshan.com/，并下载"金山毒霸"的安装包到计算机对应的目录。双击"duba150921_100_50.exe"安装文件进入安装页面，单击"开始安装"按钮进行安装，如图 5-42 所示。

图 5-42　金山毒霸安装页面

（2）安装完成后，直接单击"运行"按钮，即可进入到"金山毒霸"主界面。

4. 杀毒软件的使用

下面通过实际操作进一步了解杀毒软件的使用方法。

（1）打开杀毒软件主界面，单击"一键云查杀"按钮进行"云查杀"操作，如图 5-43 所示。

图 5-43 一键云查杀

（2）在杀毒软件主界面，单击"一键云查杀"下拉按钮，选择"全盘扫描"命令，对计算机所有分区进行查杀操作，如图 5-44 所示。

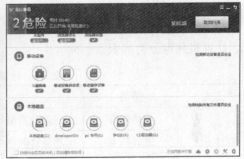

图 5-44 全盘扫描

（3）在杀毒软件主界面，单击"一键云查杀"下拉按钮，选择"指定位置扫描"命令，进行指定位置查杀操作，如图 5-45 所示。

图 5-45 指定位置扫描

（4）在杀毒软件主界面，单击"更多"按钮，选择"电脑安全"命令，并单击"浏览器保护"按钮，分别设置"浏览器锁定""主页锁定"和"IE 搜索锁定"，如图 5-46 所示。

 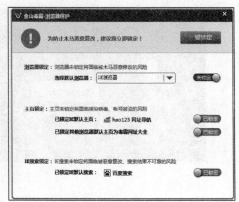

图 5-46　浏览器保护

任务小结

1. 计算机病毒分类如表 5-8 所示。

表 5-8　计算机病毒分类

分类方式	分类	介绍
媒体	网络病毒	通过计算机网络传播感染网络中的可执行文件
	文件病毒	感染计算机中的文件（如 COM、EXE、DOC 等）
	引导型病毒	感染启动扇区（Boot）和硬盘的系统引导扇区（MBR）
传染渠道	驻留型病毒	这种病毒感染计算机后，把自身的内存驻留部分放在内存（RAM）中，这一部分程序挂接系统调用并合并到操作系统中去，它处于激活状态，一直到关机或重新启动
	非驻留型病毒	这种病毒在得到机会激活时并不感染计算机内存，一些病毒在内存中留有小部分，但是并不通过这一部分进行传染，这类病毒也被划分为非驻留型病毒
破坏能力	无害型	除了传染时减少磁盘的可用空间外，对系统没有其他影响
	无危险型	这类病毒仅仅是减少内存、显示图像、发出声音及同类影响
	危险型	这类病毒在计算机系统操作中造成严重的错误
	非常危险型	这类病毒删除程序、破坏数据、清除系统内存区和操作系统中重要的信息
算法	伴随型病毒	这类病毒并不改变文件本身，它们根据算法产生 EXE 文件的伴随体，具有同样的名字和不同的扩展名（COM）
	"蠕虫"型病毒	通过计算机网络传播，不改变文件和资料信息，利用网络从一台机器的内存传播到其他机器的内存，计算机将自身的病毒通过网络发送。有时它们在系统存在，一般除了内存不占用其他资源
	寄生型病毒	除了伴随和"蠕虫"型，其他病毒均可称为寄生型病毒，它们依附在系统的引导扇区或文件中，通过系统的功能进行传播

2. MAC 地址的修改方法如表 5-9 所示。

表 5-9　MAC 地址修改方法

系统	修改方法
Win 8	（1）右击桌面右下角的网络连接图标，单击"打开网络和共享中心"按钮。 （2）单击"更改适配器设置"链接，右击"本地连接"或"以太网"图标，选择"属性"命令。 （3）单击"网络"下的"配置"按钮，选择"高级"选项卡。 （4）找到"网络地址"，填写 mac 地址（物理地址/物理 IP）
Win 7	（1）单击桌面右下角电源与音量之间的网络连接按钮，在弹出的对话框最下端有"打开网络和共享中心"。 （2）单击"更改适配器设置"链接右击要更改的网络连接图标，选择"属性"命令。 （3）在执行（2）后会弹出"连接属性"对话框，单击"配置"按钮。 （4）选择"高级"选项卡，在"属性"列表中选择网络地址（network address），在左面的"值"区域选择所需的 MAC 地址后单击"确定"按钮即可。 注意：在修改无线网卡地址的时候，Win 7 对地址做出一个限制。MAC 出厂地址 12 个数字可以是 0～9，A～F 任何一个数字，但是在 Win 7 软件修改地址的时候，MAC 地址的第二位必须是 2，6，A 或者 E。 xy：xx：xx：xx：xx：xx x=0～9，A～F y=2，6，A 或者 E

3. 杀毒软件常识

（1）杀毒软件不可能查杀所有病毒。

（2）杀毒软件能查到的病毒，不一定能杀掉。

（3）一台电脑每个操作系统下不必同时安装两套或两套以上的杀毒软件（除非有兼容或绿色版，其实很多杀毒软件兼容性很好，国产杀毒软件几乎不用担心兼容性问题），另外建议查看不兼容的程序列表。

（4）杀毒软件对被感染的文件杀毒有多种方式：

清除：清除被蠕虫感染的文件，清除后文件恢复正常。相当于如果人生病，清除是给这个人治病。

删除：删除病毒文件。这类文件不是被感染的文件，而是本身就含毒，无法清除，需要删除。

禁止访问：禁止访问病毒文件。在发现病毒后用户如选择不处理，则杀毒软件可能将病毒禁止访问。用户打开时会弹出错误对话框，内容是"该文件不是有效的 Win 32 文件"。

隔离：病毒删除后转移到隔离区。用户可以从隔离区找回删除的文件。隔离区的文件不能运行。

不处理：不处理该病毒。如果用户不知道是不是病毒，可以暂时先不处理。

（5）大部分杀毒软件是滞后于计算机病毒的。所以，除了及时更新升级软件版本和定期扫描的同时，还要注意充实自己的计算机安全以及网络安全知识，做到不随意打开陌生的文件或者不安全的网页，不浏览不健康的站点，注意更新自己的隐私密码，配套使用安全助手与个人防火墙等。这样才能更好地维护好自己的电脑以及网络安全。

⌐╨╦ 思考与练习 ╦╨⌐

1. 尝试安装火绒安全软件，并体验查杀功能。
2. 请阐述杀毒软件与防火墙软件的区别。
3. 尝试修改本机的 MAC 地址。

项目六　演示文稿制作

在工作中有很多地方需要用到展示，如工作总结用的业绩展板、产品宣传用的海报、讲座报告用的黑板等，而这些只能是静态的文字、图表和图片。演示文稿则可以在此基础上添加声音、动画和视频，丰富媒体种类，更加吸引观赏者的眼球。在本项目中主要学习演示文稿的制作方法。本项目实施安排如表 6-1 所示。

知识目标

了解 PowerPoint 的用途，识别不同版本的演示文稿的文件类型。
理解母版、模版、版式等在演示文稿中的作用。

技能目标

掌握创建演示文稿的方法，学会演示文稿的基本编辑操作。
学会使用模板、母版、版式等对幻灯片进行设计。
学会制作简单的动画。
学会制作导航，掌握演示文稿的播放控制。

表 6-1　项目实施安排

序号	任务名称	基本要求	建议课时
任务 1	PowerPoint 面面观	了解 PowerPoint 的用途，掌握 Power-Point 的基本概念，熟悉其操作界面	2
任务 2	演示文稿的创建与编辑	掌握创建演示文稿的方法，学习演示文稿的基本编辑方法	4
任务 3	动画的设计与制作	学习在幻灯片上制作动画的基本方法	4
任务 4	导航与播放控制	掌握演示文稿的放映和控制方法	2
任务 5	综合案例	综合运用前面所学知识制作演示文稿	4

任务 1　PowerPoint 面面观

通过本任务的学习了解 PowerPoint 的用途，以及 PowerPoint 的发展过程及相关概念。主要熟悉 PowerPoint 的界面和基本功能设置，以便在实际工作需要时能正确使用。

知识点：演示文稿的版本和文件格式、幻灯片、演示文稿的界面

任务准备

1. 观察与认知

观察图 6-1，认知图中设备的名称和基本用途。这些设备是在制作和展示作品时可能会用到的。

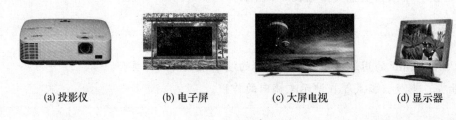

(a) 投影仪　　　　(b) 电子屏　　　　(c) 大屏电视　　　　(d) 显示器

图 6-1　常用输出设备

2. 相关知识

（1）PowerPoint 和 Word、Excel 等应用软件一样，都是 Microsoft 公司推出的 Office 系列产品之一，主要用于演示文稿的创建，即幻灯片的制作，可有效帮助用户进行演讲、教学、产品演示等。

PowerPoint 可用于设计制作专家报告、教师授课、产品演示、广告宣传的电子版幻灯片，能够制作出集文字、图形、图像、声音以及视频剪辑等多媒体元素于一体的演示文稿，把自己所要表达的信息组织在一组图文并茂的画面中，用于介绍公司的产品、展示自己的学术成果等。制作的演示文稿可以通过计算机屏幕或投影机播放。

（2）演示文稿是由 PowerPoint 制作出的文件，因在 PowerPoint 2003 格式下的文件扩展名是 .ppt，故简称 PPT（文件），2007 及以后版本的格式扩展名是 .pptx。

（3）幻灯片是组成演示文稿的基本单元。一个演示文稿由一个或多个幻灯片组成，制作演示文稿的实质就是按照一定的逻辑、主题逐一地制作其中的幻灯片。

（4）PowerPoint 的版本主要包括 2003、2007 及 2010 版。

① PowerPoint 2003 发行于 2003 年，距今已有 10 多年的时间了，其界面如图 6-2 所示。由于它对机器的硬件要求低，兼容性和通用性好，制作出的演示文稿在高版本下可照常播放，能够满足一般的用户需求，而且使用的时间长了，很多人因使用习惯或硬件限制等原因没有升级，因而目前仍有很多使用者。

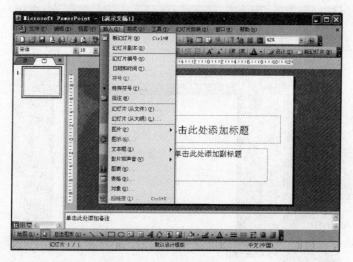

图 6-2　PowerPoint 2003 界面

② PowerPoint 2007 与 PowerPoint 2003 相比，界面做了很大改动，将下拉菜单式命令改为选项卡式的按钮命令；功能上提供了新的主题，使格式设置更加方便快捷；增强了共享信息，支持更多的文件格式；加强了演示文稿的信息安全和保护功能，其界面如图 6-3 所示。

图 6-3　PowerPoint 2007 界面

③ PowerPoint 2010 在界面上与 PowerPoint 2007 基本相同，只是在细节上稍有改动。功能上新增了更多幻灯片模板、切换特效、图片处理特效等；增加了更多视频编辑功能；动画功能也新加了一个"动画刷"按钮，其界面如图 6-4 所示。

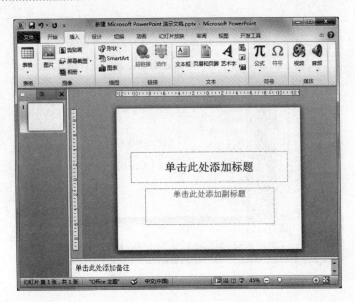

图 6-4　PowerPoint 2010 界面

（5）PowerPoint 2010 的设置

使用"文件"选项卡下的"选项"命令可以打开如图 6-5 所示的设置对话框，在此可以对 PowerPoint 2010 进行设置，如保存文件的版本类型、保存自动恢复信息的时间间隔等。

图 6-5　PowerPoint 2010 设置

任务实施

1. 填写如图 6-6 所示的 PowerPoint 2010 的界面。

2. 设置 PowerPoint 2010 保存自动恢复信息的时间间隔为 15 分钟。

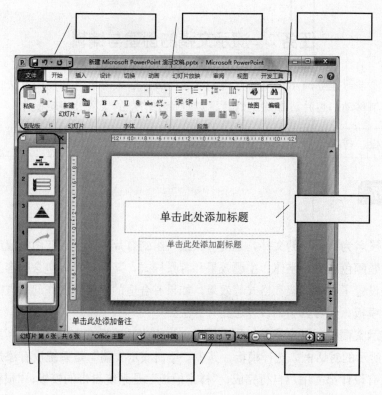

图 6-6 认识 PowerPoint 2010 界面

3. 设置 PowerPoint 2010 最多可取消操作数为 30。

4. 将用 PowerPoint 2010 制作的演示文稿标记为最终状态。

任务小结

1. 关于版本问题：制作演示文稿的软件有很多不同的版本，考虑到目前的流行状态和计算机等级考试的要求，在以后的课程中我们将按照 PowerPoint 2010 格式的界面和操作来讲解。

2. 只有熟悉界面，才能熟练应用；有些功能与 Word 相同，其使用方法也相同。

思考与练习

1. 用 PowerPoint 2003 制作的演示文稿的文件类型（扩展名）是_____。

用 Powerpoint 2010 制作的演示文稿的文件类型（扩展名）是_____。

2. 低版本 PowerPoint 制作的演示文稿在高版本下是否可以打开？反之高版本 Power-Point 制作的演示文稿在低版本下是否可以打开？需要做哪些工作？

3. 熟悉 PowerPoint 2010 界面，并与 Word、Excel 界面进行对比。

任务 2　演示文稿的创建与编辑

该任务主要学习建立演示文稿的方法，掌握母版、版式等概念和使用方法；学习插入新的幻灯片、复制移动幻灯片、删除幻灯片、幻灯片中信息的录入及编辑操作。

知识点：模板、母版、版式、占位符、SmartArt 图形

任务准备

1. 模板

模板是扩展名为 .potx 的文件，是由一张或一组幻灯片的图案或蓝图组成的。模板可以包含版式、主题颜色、主题字体、主题效果和背景样式，甚至还可以包含内容。

模板已经设置了内容框架和格式等效果，如果有合适的模板则创作起来省时省力。初学者也可以参考模板，学习其中的设计思路和方法。

在新建演示文稿时可以选择基于哪个模板。操作为：选择"文件"→"新建"命令即可打开如图 6-7 所示的对话框，选择模板。其中"空白演示文稿"是系统没有添加任何内容的模板，此时所有设计都需用户自行完成；"样本模板"是系统自带的模板；"根据现有内容新建"是指使用用户保存的演示文稿文件当模板；"主题"是一种只提供格式风格设计的模板。此外在 office.com 中微软网站提供了大量可下载使用的模板。

图 6-7　PowerPoint 2010 模板

2. 母版

幻灯片母版是幻灯片层次结构中的顶层幻灯片，用于存储有关演示文稿的主题和幻灯片版式的信息，包括背景、颜色、字体、效果、占位符大小和位置。

每个演示文稿至少包含一个幻灯片母版。使用幻灯片母版的主要优点是可以对演示文稿

中的每张幻灯片（包括以后添加到演示文稿中的幻灯片）进行统一的样式更改。使用幻灯片母版时，由于无需在多张幻灯片上输入相同的信息，因此节省了时间。如果演示文稿非常长，其中包含大量幻灯片，使用幻灯片母版则特别方便。

单击"视图"选项卡"母版视图"组中的"幻灯片母版"按钮，可以打开如图 6-8 所示的母版设置界面，在此添加的任何文字、图片及格式设置，都会自动反映到对应的幻灯片中。在左侧窗格用户可以使用如图 6-9 所示的快捷菜单建立新的版式。

请结合下面的版式概念一起学习。

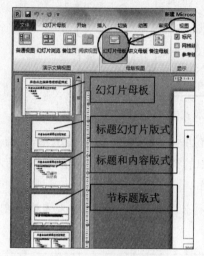

图 6-8　母版设置界面

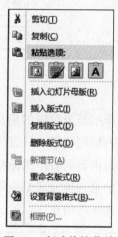

图 6-9　版式快捷菜单

3. 版式

幻灯片版式包含要在幻灯片上显示的全部内容的格式设置、位置和占位符。版式也包含幻灯片的主题背景。在建立新的幻灯片时，我们需要根据幻灯片中的内容来选择合适的版式，如图 6-10 所示，也可以随时使用"版式"命令来更改当前幻灯片的版式。

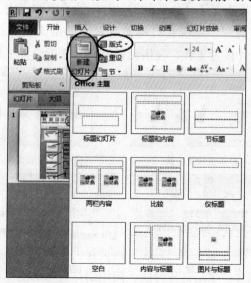

图 6-10　版式

4. 占位符与信息录入

占位符是版式中信息的容器，可容纳如文本、表格、图表、SmartArt 图形、影片、声音、图片及剪贴画等内容，如图 6-11 所示。

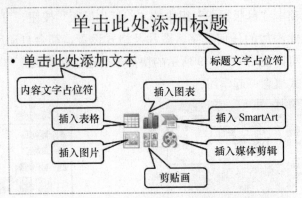

图 6-11　标题内容版式中各占位符

占位符的作用是为对应的信息预留相应的位置，录入时只需按提示单击对应的部分即可。例如，录入标题文字，只需按提示单击其中的"单击此处添加标题"然后录入即可；添加表格可以单击内容的表格图标然后按提示操作。

录入信息的另一种方式是使用"插入"选项卡中的命令，可以插入表格、图像、插图、文本、符号、媒体等信息。

> **提示：** 当制作以文字为主要内容的大量幻灯片时，建议用版式，否则在设置其格式时需要逐一设置，比较繁琐。

5. 信息的格式设置

文字信息的格式设置与在 Word 中基本相同，如果录入时使用了版式，建议在母版中进行设置，这样设置一次，所有基于该版式的幻灯片中的文字都完成了设置。

当录入其他非文字信息时，系统会自动显示对应的格式设置选项卡，如图 6-12 所示，分别是图表设置工具、图片设置工具、表格设置工具、视频设置工具。

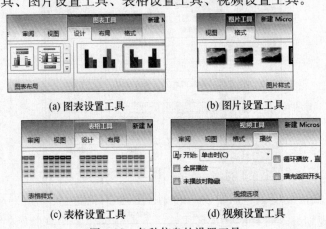

(a) 图表设置工具　　　　　　(b) 图片设置工具

(c) 表格设置工具　　　　　　(d) 视频设置工具

图 6-12　各种信息的设置工具

6. SmartArt 图形

SmartArt 图形是信息和观点的视觉表示形式。单击"插入"选项卡的"插图"组中的 SmartArt 按钮,或者在带有内容的版式中单击 SmartArt 按钮可以打开如图 6-13 所示的 "选择 SmartArt 图形"对话框。在选择时一般先依据表 6-2 所示选择分类,然后再选择具体的图形。

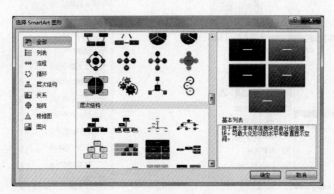

图 6-13　选择 SmartArt 图形对话框

表 6-2　各种 SmartArt 图形的选用原则

显示无序信息	列表
在流程或日程表中显示步骤	流程
显示连续的流程	循环
显示决策树	层次结构
创建组织结构图	层次结构
图示连接	关系
显示各部分如何与整体关联	矩阵
显示与顶部或底部最大部分的比例关系	棱锥图
绘制带图片的族谱	图片

7. 幻灯片的编辑

有时需要执行移动、复制、删除幻灯片等操作,此时可以在"幻灯片/大纲"窗格中,右击要操作的幻灯片,在弹出的如图 6-14 所示的快捷菜单中选择相应的操作命令。

8. 图形对象的对齐操作

当一个幻灯片上有多个图形对象时,为了美观,需要将它们按照某一基准对齐,此时可以按住 Shift(Ctrl)键逐个单击这些图形对象,将其同时选中,然后在对应的图形设置选项卡中找到如图 6-15 所示的设置命令进行设置。

任务实施

1. 利用"样本模板"创建新的演示文稿

在创建演示文稿前要明确它所要表达的中心主题,并准备好相应的素材(文字、图片、视频、音效等),规划好幻灯片的表现形式等。下面以创建一个测验题的演示文稿为例加以分析。测验题演示文稿的主题是：通过幻灯片显示题目，让参与者作答，然后显示该题目的答案；切换到下一题目……

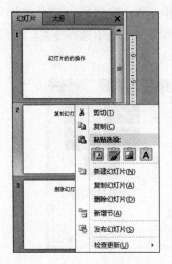

图 6-14　幻灯片操作菜单　　　　　图 6-15　图形对象的对齐命令

对于上述任务最重要的素材就是测验的题目及答案。可以有判断题、选择题、简答（填空）题、详答题、匹配连线题。

（1）利用"样本模板"中的"小测验短片"模板建立新的演示文稿。中间步骤参见图 6-7。

操作步骤：_____

_____

_____

_____。

> **注意**：该模板的第 2 张幻灯片中介绍了如何使用本模板，请同学们认真阅读学习，最后的成品中不需要它，需将其删除。后面的幻灯片则是各种题型的实例，可以使用"幻灯片放映"选项卡中的"从头开始"播放命令，查看模板样例的播放效果。

（2）判断题幻灯片的制作。从素材中复制题目文字，制作不少于 4 张幻灯片，要求题目答案中对、错的题要交替出现。其中部分判断题在浏览视图中的效果如图 6-16 所示。

图 6-16　判断题例样

操作步骤：_____

_____

_____

_____。

提示： 在插入新的幻灯片时注意版式的选取。

（3）简答题、详答题的制作。从素材中复制题目文字，制作不少于 4 张简答题、详答题的幻灯片。其中部分简答题在浏览视图中的效果如图 6-17 所示，详答题在浏览视图中的效果如图 6-18 所示。

图 6-17　简答题例样

图 6-18　详答题例样

操作步骤：_____

_____

_____

_____。

（4）选择题的制作。在素材中复制题目文字，制作不少于 4 张选择题的幻灯片。其中部分选择题在浏览视图中的效果如图 6-19 所示。

图 6-19　选择题例样

操作步骤：_____

_____

_____

_____。

┌───┐
  提示：系统提供的版式默认 A 选项是正确答案，要改变正确答案的位置只需按提示拖
  动变换顺序即可。涉及图形移动、对齐等操作。
└───┘

（5）连线匹配题的制作。连线匹配题版式中只给了一种连线答案方式，如果题目多，需
要不同的连线方式，须自己制作新的版式，如图 6-20 所示只是其中一种连线题的版式，每
种不同连线形式都需要先制作一种对应的版式。在素材中复制题目文字，制作不少于 4 张连
线匹配题的幻灯片。其中部分连线题在浏览视图中的效果如图 6-21 所示。

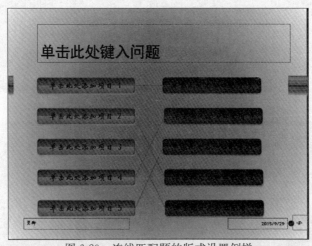

图 6-20　连线匹配题的版式设置例样

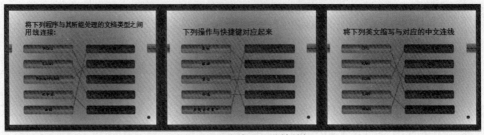

图 6-21　连线匹配题例样

操作步骤：_____

_____

_____

_____。

┌───┐
  提示：在母版视图中，复制原连线题的版式，然后移动其中匹配项的位置。
└───┘

（6）播放测试。制作完成后，可以测试播放。选择"幻灯片放映"选项卡，再按需要单击其中的"从头开始"或"从当前幻灯片开始"按钮即可。

在播放时注意观察各题型的答案显示的效果，这里在模板中使用了"动画"，我们将在下一任务中分析讲解。

（7）保存演示文稿。完成上述任务后，使用存盘命令将该演示文稿保存到"D：\ 班级\ 学生姓名 \ PPT 作业"文件夹中，文件名为"测验节目 . pptx"。

2. 利用"空白演示文稿"创建新的演示文稿

利用"空白演示文稿"的方法制作如下所示只有两张幻灯片的演示文稿。

（1）使用标题内容版式制作如图 6-22 所示的幻灯片。

> 提示：使用了 SmartArt 层次结构中的组织结构图。

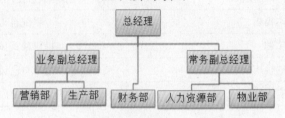

图 6-22　第 1 张幻灯片效果

操作步骤：_____

_____

_____

_____。

（2）使用标题内容版式制作如图 6-23 所示的幻灯片。

> 提示：使用了 SmartArt 循环中的基本射线图。

图 6-23　第 2 张幻灯片效果

操作步骤：_____

_____

_____

_____。

（3）完成上述任务后，使用存盘命令将该演示文稿保存到"D：\班级\学生姓名\PPT作业"文件夹中，文件名为"组织架构.pptx"。

任务小结

新建的演示文稿都是基于模板和主题的，包含如表 6-3 所示的几种形式。

表 6-3　新建演示文稿的几种形式

空白演示文稿	不加任何设置的模板
最近打开的模板	用户最近使用过的一些模板
样本模板	系统自带的模板
主题	提供格式风格的模板
我的模板	用户自己设计的模板
根据现有内容新建	以现有的 PPT 文档当作模板

系统模板中有很多好的设计思路和方法值得我们学习。

思考与练习

1. 某公司要求对外讲座 PPT 的所有幻灯片中都要有公司的 logo 标志，应如何操作？

2. 新建幻灯片的快捷键是_____，通过快捷键新建的幻灯片是_____版式的，一定要多操作几次查看规律。

3. 自己准备一些电子版照片，用"古典型相册"或"现代型相册"模板练习建立一个相册演示文稿。注意模板中的提示，学会使用版式排列照片；学会使用"图片工具"选项卡中的工具来编辑美化图片。

任务 3　动画的设计与制作

通过分析、学习"知识测验节目"样例中的动画，掌握动画的制作方法，然后练习制作一个具有动态效果的圣诞贺卡。

该任务主要学习插入图形、图片及设置其格式等操作；学习设置幻灯片的切换操作，学习动画的制作。

知识点：动画制作、动画刷

任务准备

1. 观察与学习

打开任务 2 中制作的"测验节目"演示文稿，查看其中的动画设置。因为判断题的答案动画显示方式是一样的，所以模板中将动画设置放到了母版中，切换到母版视图，在左侧窗格选中"对错判断题"版式，在"动画"选项卡的"高级动画"组中单击"动画窗格"按钮，在右侧打开"动画窗格"窗口，如图 6-24 所示，窗格内每 1 行表示 1 个动画。下面依次从左向右说明各符号的意义。

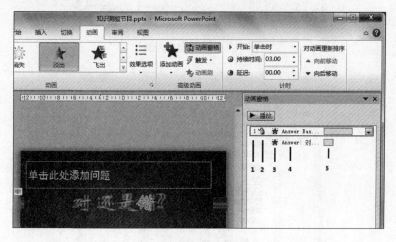

图 6-24　动画窗格

（1）动画的序号，表示这个或这组动画的先后次序。

（2）动画开始方式，共有 3 种不同的显示标记，其含义如下：

• 鼠标，表示单击时开始。

• 表，表示在上一动画之后开始。

• 空白，表示与上一动画同时开始。

（3）动画的动作方式图标，表示执行的具体动作。动画执行的动作有进入、强调、退出和动作路径 4 类，每类的图标颜色不同。

（4）执行动画的对象名称（系统自动定义的），通过它可以知道哪个对象在参与动画。

（5）用矩形表示动画的开始和持续时间。长则持续时间长。

鼠标指向其中某条后，可以弹出该动画的简单信息；选中后可以上、下移动，改变动画的次序；双击它可以打开如图 6-25 所示的"彩色脉冲"参数设置对话框。

2. 幻灯片背景的设置

如果想要自行设置幻灯片的背景颜色和图案，可以在"设计"选项卡下"背景"组的"背景样式"下拉菜单中选择"设置背景格式"命令；或者在幻灯片的空白处右击，在弹出的快捷菜单中选择"设置背景格式"命令，打开如图 6-26 所示的"设置背景格式"对话框，这里可以给背景添加颜色、渐变色、图案，也可以将图片文件设置为背景。

图 6-25 动画参数设置

图 6-26 幻灯片背景设置

3. 在幻灯片中插入图片

单击"插入"选项卡下的"图像"组中的"图片"按钮，或者包含内容的版式中图片按钮都可以打开如图 6-27 所示的"插入图片"对话框，在对话框中可选择要插入的图片。

图 6-27 "插入图片"对话框

4. 在幻灯片中插入形状

有时需要在幻灯片中自行绘制一些简单的图形，此时可以单击"插入"选项卡下的"插图"组中的"形状"按钮，打开如图 6-28 所示的形状库，从中选择需要绘制的图形形状。

5. 在幻灯片中插入艺术字

艺术字可以美化突出文字，在幻灯片中单击"插入"选项卡下的"文本"组中的"艺术字"按钮，打开如图 6-29 所示的艺术字样式库，选择艺术字的样式，然后按提示录入文字。

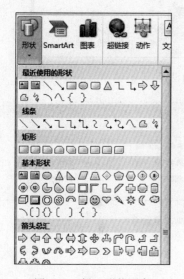

图 6-28　插入形状图库

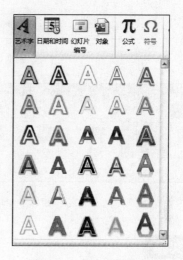

图 6-29　艺术字样式库

6. 在幻灯片中插入音乐

有时幻灯片中需要插入音乐，可以单击"插入"选项卡中"媒体"组中的"音频"按钮来插入音频文件，如图 6-30 所示。

插入音频文件后，幻灯片中会用一个小喇叭来表示，如图 6-31 所示，在选中喇叭时会出现"音频工具"选项卡；其中"格式"是设置喇叭的显示方式；"播放"则设置音频的播放方式，"开始"中"自动"表示当切换到此幻灯片时自动播放；"单击时"表示需要操作者单击其中的播放按钮才开始播放；"跨幻灯片"表示此音乐可从当前幻灯片开始播放，一直延续到后面的幻灯片直到音乐结束或停止放映，否则只在当前幻灯片放映期间播放，切换到下一幻灯片则结束播放。

图 6-30　插入音频文件

7. 幻灯片的切换

幻灯片是一张接一张连续显示给观众的，幻灯片的默认换片方式是单击鼠标，在"切换"选项卡中可以设置自动换片时间，在播放时可以按照设定的时间自动切换，此外还可以设置切换时的声音及切换效果，如图 6-32 所示。

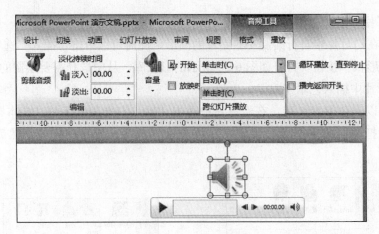

图 6-31　音频设置

图 6-32　幻灯片切换设置命令

任务实施

如图 6-33 所示就是我们要制作的图文声并茂的动态圣诞贺卡的最终平面效果图，下面分步骤去完成它。

图 6-33　圣诞贺卡的最终平面效果

首先要认真观察两张幻灯片，发现它们的背景"蓝色的夜空""十字星"等是相同的，如何制作一次即可多次重复使用？

1. 制作幻灯片背景。新建基于"空白演示文稿"的演示文稿。然后制作如图 6-34 所示的深蓝色的夜空幻灯片，插入素材中的蓝色图片。

图 6-34　制作背景

提示：可用幻灯片背景也可用母版。

操作步骤：_____

_____

_____

_____。

2. 制作雪地和十字星。本步骤的平面效果如图 6-35 所示。在操作 1 的基础上，插入雪地图片并调整大小和位置；插入自行绘制的十字星图形并填充白色，参见最终例样效果多制作几个，调整大小，并为其设置动画，可交替选择闪烁、脉冲、无几种效果。

图 6-35　制作雪地和十字星

提示：十字星绘制一个后，其他可以使用"复制"命令，但要调整其大小和位置，相同的动画可以使用动画刷。

操作步骤：_____

_____

_____

_____。

3. 制作雪花动画。本步骤的平面效果如图 6-36 所示。插入雪花图片，并将其放到幻灯片的上方外侧，然后设置这些雪花沿弯曲的路线下落到幻灯片的下方外侧，并设置动画为重复到幻灯片末尾。

提示： 为了达到真实效果，雪花飘落的开始时间要不同，路线和下落速度也不同。

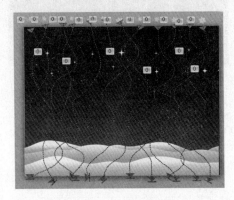

图 6-36　制作雪花动画

操作步骤：_____

_____

_____

_____。

4. 插入村镇、圣诞老人的鹿车和音乐。这是第 1 张幻灯片独有的内容。插入路边村镇景色图片，调整大小，并设置其动画为从左向右移动，直到图片左侧进入幻灯片为止；插入圣诞老人的鹿车图片（gif 动态图像），先放到幻灯片右外侧，然后设置动画为向左运动，直到到幻灯片右边外侧为止；插入音乐，将小喇叭放到幻灯片外侧，设置为跨幻灯片播放。完成后的平面效果如图 6-37 所示。

图 6-37　插入图片制作动画

操作步骤：_____

_____

_____

_____。

5. 制作第 2 张幻灯片。与第 1 张相同的部分已有，只需制作其独有的内容。插入一个圣诞老人图片，放到幻灯片左边外侧，设置动画为沿弧跳入幻灯片中；插入圣诞树图片；制作艺术字，动画为翻转式由远及近，然后彩色脉冲直到幻灯片尾。完成后的平面效果如图 6-38 所示。

图 6-38　插入图片制作动画

> **提示：** 艺术字使用了两次动画，必须用面板中的"添加动画"按钮制作。

操作步骤：_____

_____

_____。

6. 保存演示文稿。完成上述任务后，使用存盘命令将该演示文稿保存到"D：\ 班级 \ 学生姓名 \ PPT 作业"文件夹中，文件名为"圣诞节 .pptx"。

任务小结

动画分为进入、强调、退出、动作路径几种形式；动画开始的时间有单击、与上一动画同时、上一动画之后 3 种方式。几个不同的对象如果使用完全相同的动画，可以使用动画刷来实现动画的复制。

思考与练习

1. 对一个元素设置多个动画动作，应该如何操作。

2. 设置多个元素同时进行不同的动作，应该如何操作。

3. 设置多个元素具有相同的动画效果，如何操作最简便。

4. 利用素材中的文件，练习制作一个新年贺卡。

5. 有条件的同学可以在 office.com 模板的动画文件夹下查找"纹理背景计时器动画"，下载使用，分析其中的动画制作方法。

任务 4　导航与播放控制

一般情况下，幻灯片放映是按照其排列顺序进行的，但有时我们希望改变一下幻灯片的播放顺序，又不想直接去移动幻灯片的位置，这样该如何操作？这里我们学习几种控制播放次序的方法，重点说明导航的制作和使用。

知识点：超链接、自定义放映

任务准备

演示文稿中幻灯片默认播放顺序是按其排列顺序，逐张向后依次放映，要改变放映的顺序可以通过以下几种方法实现。

1. 移动幻灯片的位置

通过移动幻灯片等操作改变原来演示文稿中幻灯片的位置达到调整播放顺序的目的。

2. 通过播放控制命令

开始播放演示文稿后，在屏幕上右击，弹出如图 6-39 所示的播放控制快捷菜单，选择其中的上一张、下一张、定位至幻灯片命令，可以切换至相应的换灯片。也可以用如下键盘命令来操作。

下一张：按 Enter、空格、↓、PgDn 键。

上一张：按 ↑、PgUp 键。

输入幻灯片序号然后按 Enter 键可以跳转到对应的幻灯片。

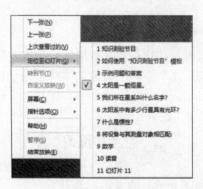

图 6-39　播放控制快捷菜单

3. 自定义放映

单击"幻灯片放映"选项卡的"开始放映幻灯片"组中的"自定义幻灯片放映"按钮，打开"自定义放映"对话框，单击"新建"按钮，打开如图 6-40 所示的"定义自定义放映"对话框，先选中左侧要放映的幻灯片，单击"添加"按钮将其添加到右侧，右侧的顺序就是自己定义的放映顺序，还可以通过右边上、下箭头按钮重新排列顺序。

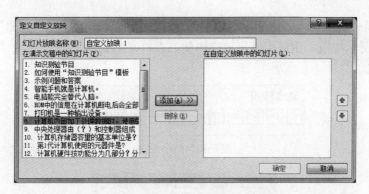

图 6-40 "定义自定义放映"对话框

4. 设置幻灯片放映方式

在"幻灯片放映"选项卡的"设置"组中,单击"设置幻灯片放映"按钮,打开如图 6-41 所示的"设置放映方式"对话框。在"放映幻灯片"组中选中从 6 到 12 单选按钮,并设置放映的幻灯片头和尾。此时只适合于播放连续的幻灯片。

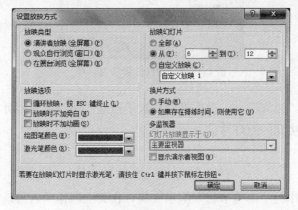

图 6-41 "设置放映方式"对话框

5. 设置超链接

在幻灯片编辑时,选中要制作链接的对象(可以是文字(文本框)、图形、图片等),然后单击"插入"选项卡下"链接"组中的"超链接"按钮,打开如图 6-42 所示的"插入超链接"对话框,在其中"本文档中的位置"组中选择要跳转到的幻灯片。

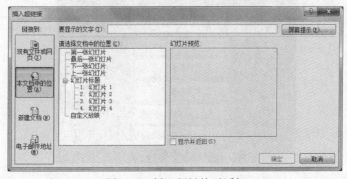

图 6-42 插入超链接对话框

另外也可以利用"插入"选项卡"插图"组中"形状"中的"动作按钮"来制作链接，单击如图 6-43 所示按钮，用鼠标画出按钮形状，在打开的如图 6-44 所示的"动作设置"对话框中设置链接。

图 6-43　动作按钮

图 6-44　"动作设置"对话框

制作了超链接后，当放映时，鼠标指向设置了超链接的对象时指针会变成手形，此时单击鼠标可以跳转到链接到的幻灯片。

任务实施

打开任务 2 中制作的"测验节目"演示文稿，在其中制作插入导航。

1. 制作导航页

打开"测验节目"演示文稿，在普通视图下，在第 1 张幻灯片之后插入并制作如图 6-45 所示的导航页。要求在播放时，单击其中的"选择题"按钮可以跳转到第 1 道选择题；单击其中的"简答题"按钮可以跳转到第 1 道简答题；依次类推。

图 6-45　导航条制作效果

提示： 使用圆角矩形的形状，并在对应的格式中选择合适的形状样式。

操作步骤：_____

_____

_____

_____。

2. 制作返回按钮

利用形状中的"动作按钮"在最后一道选择题、最后一道简答题……的幻灯片右下角制作一个返回导航页的超链接。如图 6-46 所示是其中选择题最后一题制作的效果。

图 6-46　返回按钮的制作

操作步骤：_____

_____

_____

_____。

3. 保存演示文稿

完成上述任务后，使用存盘命令将该演示文稿保存到"D：\班级\学生姓名\PPT作业"文件夹中，文件名为"导航.pptx"。

4. 练习使用自定义放映

在不改动该演示文稿任何幻灯片的情况下，将"测验节目"演示文稿设置为只播放简答题这几张幻灯片。

操作步骤：_____

_____

_____

_____。

任务小结

导航的实质就是超链接，通过链接跳转到指定的幻灯片处，此外也可以通过链接调用其他文件；自定义播放则可以在现有演示文稿中选择播放其中的部分幻灯片。

思考与练习

1. 在演示文稿放映中，按_____键可以返回播放上一幻灯片；输入_____可以跳转到指定的幻灯片。

2. 要进行幻灯片放映时按_____键是从第一张幻灯片开始放映；按_____键是从当前幻灯片开始放映。

3. 能否实现在播放完最后一张幻灯片后连续自动切换到第1张幻灯片，实现循环播放。

4. 利用超链接可否在播放一个演示文稿时，单击打开另一个演示文稿，可通过实验来验证。

任务5 综合案例

通过制作一个宣传消防知识的演示文稿，综合运用前面的知识，学习在幻灯片中插入图表、视频等操作。

> **知识点**：排练计时

任务准备

1. 在幻灯片中插入视频

单击"插入"选项卡"媒体"组中的"视频"按钮可以插入视频。插入视频后会显示"视频工具"，如图 6-47 所示。

(a) 视频工具中的格式面板

(b) 视频工具中的播放面板

图 6-47 "视频工具"面板

通过视频工具中的"格式"选项卡可以修改视频在幻灯片上的显示格式，通过"播放"选项卡则可以控制播放和剪辑视频。其中开始有"单击时"和"自动"两种选项。

2. 在幻灯片上插入图表

这里的图表实际上是调用了 Excel 中的图表功能。单击"插入"选项卡"插图"组中"图表"按钮，打开如图 6-48 所示的"插入图表"对话框，用户选择后会打开 Excel 文件，并将系统预置的数据图表插入到幻灯片中，如图 6-49 所示，用户需要修改 Excel 表格中的数据得到自己的图表。

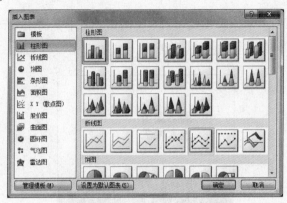

图 6-48 图表类型选择对话框

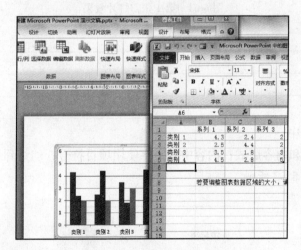

图 6-49 输入数据制作图表界面

3. 排练计时

单击"幻灯片放映"选项卡"设置"组中的"排练计时"按钮，可以启动播放演示文稿，同时显示如图 6-50 所示的时间记录，此时记录每张幻灯片的放映时间，以便将来用于自动放映时按此时间自动切换幻灯片。

图 6-50 排练计时的记录表

■ **任务实施**

1. 创建演示文稿。建立一个基于"空白演示文稿"的演示文稿。

2. 按照要求逐一制作各幻灯片。

> **提示**：先观察各幻灯片的共性，将相同内容用母版制作；该文稿使用了"聚合"主题。
> 幻灯片中用到的图片、视频等素材请到"素材\任务5"文件夹中查找。制作完成后的
> 播放效果也可参见素材中的例样。

（1）第1张幻灯片

要求：使用标题幻灯片版式；标题用艺术字制作，艺术字使用缩放动画；幻灯片切换用棋盘效果。完成后的平面效果如图 6-51 所示。

图 6-51   第1张幻灯片效果

操作步骤：_____

_____

_____

_____。

（2）第2张幻灯片

要求：使用标题和内容版式；内容中的文字使用项目符号；幻灯片切换用揭开效果。完成后的平面效果如图 6-52 所示。

图 6-52   第2张幻灯片效果

操作步骤：_____

_____

_____

_____。

（3）第 3 张幻灯片

要求：使用标题和内容版式；内容中的文字用项目编号制作；电话图片使用内部的剪贴画，并制作成跷跷板动画；幻灯片切换用闪耀效果。完成后的平面效果如图 6-53 所示。

图 6-53 第 3 张幻灯片效果

操作步骤：_____

_____

_____。

（4）第 4 张幻灯片

要求：使用标题和内容版式；内容插入表格；表格制作劈裂动画；幻灯片切换用窗口效果。完成后的平面效果如图 6-54 所示。

图 6-54 第 4 张幻灯片效果

操作步骤：_____

_____

_____。

（5）第 5 张幻灯片

要求：使用标题和内容版式；内容为一个视频，视频是素材中的"灭火器使用.wmv"文件；幻灯片切换用立方体效果。视频格式使用"金属框架"；播放设置为自动播放。完成后的平面效果如图 6-55 所示。

图 6-55　第 5 张幻灯片效果

操作步骤：＿＿＿＿＿＿＿＿＿＿＿＿＿＿＿＿＿＿＿＿＿＿＿＿＿＿＿＿＿＿＿＿＿＿＿＿＿＿

＿＿＿

＿＿＿

＿＿＿。

（6）第 6 张幻灯片

要求： 使用空白版式；内容利用表 6-4 所给的数据制作图表；图表设置按分类依次出现动画；幻灯片切换用覆盖效果。完成后的平面效果如图 6-56 所示。

表 6-4　图表数据

死亡原因	百分比（%）
吸入有毒气体	50
缺氧窒息	20
吸入热气	15
烧伤	10
爆炸	5

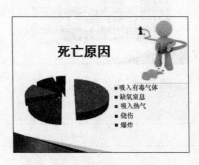

图 6-56　第 6 张幻灯片效果

操作步骤：＿＿＿＿＿＿＿＿＿＿＿＿＿＿＿＿＿＿＿＿＿＿＿＿＿＿＿＿＿＿＿＿＿＿＿＿＿＿

＿＿＿

＿＿＿

＿＿＿。

（7）第 7 张幻灯片

要求：使用标题版式；内容为火灾逃生的一组图片；上述图片做成轮流显示的动画；幻灯片切换用缩放效果。

关于图片的说明：幻灯片中的图片有 5 张，因为叠加在一起只能看到其中最上面的一张。将这 5 张图片分别设置不同的进入方式动画；第一张图片动画开始设置为"与上一动画同时"，其他的都设置为"上一动画之后"；将除最后一张图片外，前面各图的动画效果设置为"播放动画后隐藏"。完成后的平面效果如图 6-57 所示。

图 6-57　第 7 张幻灯片效果

操作步骤：＿＿＿＿＿＿＿＿＿＿＿＿＿＿＿＿＿＿＿＿＿＿＿＿＿＿＿＿＿＿＿＿
＿＿＿＿＿＿＿＿＿＿＿＿＿＿＿＿＿＿＿＿＿＿＿＿＿＿＿＿＿＿＿＿＿＿＿＿＿＿
＿＿＿＿＿＿＿＿＿＿＿＿＿＿＿＿＿＿＿＿＿＿＿＿＿＿＿＿＿＿＿＿＿＿＿＿＿＿
＿＿＿＿＿＿＿＿＿＿＿＿＿＿＿＿＿＿＿＿＿＿＿＿＿＿＿＿＿＿＿＿＿＿＿＿＿。

（8）第 8 张幻灯片

要求：使用标题幻灯片版式；标题用艺术字；艺术字使用缩放动画；幻灯片切换用百叶窗效果。完成后的平面效果如图 6-58 所示。

图 6-58　第 8 张幻灯片效果

操作步骤：＿＿＿＿＿＿＿＿＿＿＿＿＿＿＿＿＿＿＿＿＿＿＿＿＿＿＿＿＿＿＿＿
＿＿＿＿＿＿＿＿＿＿＿＿＿＿＿＿＿＿＿＿＿＿＿＿＿＿＿＿＿＿＿＿＿＿＿＿＿＿
＿＿＿＿＿＿＿＿＿＿＿＿＿＿＿＿＿＿＿＿＿＿＿＿＿＿＿＿＿＿＿＿＿＿＿＿＿＿
＿＿＿＿＿＿＿＿＿＿＿＿＿＿＿＿＿＿＿＿＿＿＿＿＿＿＿＿＿＿＿＿＿＿＿＿＿。

3. 放映的设置

考虑到该演示文稿要用电子显示屏自动循环播放，需要做如下设置：单击"幻灯片放映"选项卡"设置"组中"排练计时"按钮，播放记录各幻灯片的最佳播放时间。

在"设置放映方式"的对话框中选中"循环放映，按 ESC 键终止"复选框。

4. 保存演示文稿

完成上述任务后，使用存盘命令将该演示文稿保存到"D：\ 班级 \ 学生姓名 \ PPT 作业"文件夹中，文件名为"消防.pptx"。

任务小结

排练计时就是一次预演，它记录的时间应该让大多数观众看清楚幻灯片上的内容。室外大屏幕播放的广告都是自动切换、自动循环播放的。

思考与练习

1. 幻灯片设置了定时自动切换，但该幻灯片上的动画是"单击"时播放，该动画是否阻止了幻灯片的切换？

2. 内容文字是否可以设置多级项目符号编号？

3. 插入的视频是否可以剪裁？视频播放方式有哪些？

4. 如何制作图表的动画？如何让图表的各个部分逐一显示出来？

5. 练习制作：节日贺卡、生日贺卡，以及戒烟宣传、交通安全宣传等主题的演示文稿。

项目七　多媒体软件综合应用

　　××××职业技术学院因要开展"中国传统建筑文化"模块的教学，需要拍摄一部介绍江南园林特点的教学影片，经多方考察，决定以北京市×××公园作为影片的拍摄地，进行该专题片的拍摄。

　　为此，拟组成一个摄制组，进行专题片的基本素材摄制和后期多媒体制作，最终形成作品。摄制组由导演、摄像、摄影、场记、录音等人员组成，导演为摄制组的负责人，同时也是项目的负责人，其他成员应配合导演做好各自职责内的工作，力争作品在清晰地介绍江南园林特点的同时，也能给观众带来视觉和听觉的享受。

　　本项目实施安排如表7-1所示。

知识目标

了解多媒体技术（软件、硬件）的相关知识。

了解中国传统建筑文化中江南园林的基本特征。

掌握多媒体软件的综合应用能力。

技能目标

能够根据实际需要进行多媒体素材的获取和处理。

能灵活应用音频、视频处理软件完成作品的编辑任务。

掌握多媒体软件的综合应用能力。

表7-1　项目实施安排

序号	任务名称	基本要求	计划课时
任务1	多媒体基础知识	了解多媒体基础知识，掌握扫描仪、摄像机、照相机等多媒体设备的使用	2
任务2	多媒体素材准备	由导演编写影片摄制脚本，全组成员依据脚本完成视频素材、音频素材、相片素材和解说词素材的获取	4

序号	任务名称	基本要求	计划课时
任务 3	视频编辑	学习视频编辑软件的使用，并利用该软件和其他软件完成影片片头、主体和片尾的视频编辑，整部影片长度应控制在 10 分钟左右	4
任务 4	音频编辑与作品输出	根据已完成视频，为影片录制解说词并配乐，最后完成影片的输出	2

任务 1 多媒体基础知识

我们日常接触到的影视作品，其实都是由文字、图像、音频、视频和动画等多媒体元素组成的。因此，为了更好地完成影片的制作，必须首先了解多媒体的相关元素知识，掌握常用多媒体设备的使用和素材的获取方法。

知识点：多媒体、多媒体技术、多媒体硬件设备、多媒体软件、多媒体文件格式及多媒体素材的获取方法

1. 观察与认知

观察图 7-1，认知图中设备的名称和基本用途，并按输入设备和输出设备进行分类。

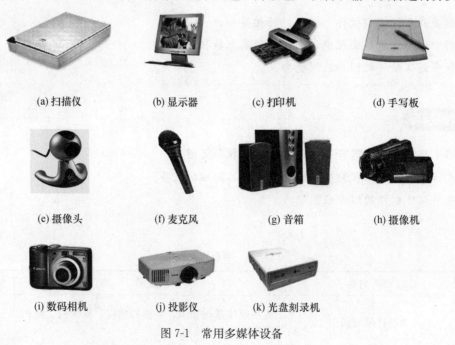

(a) 扫描仪　　　　(b) 显示器　　　　(c) 打印机　　　　(d) 手写板

(e) 摄像头　　　　(f) 麦克风　　　　(g) 音箱　　　　(h) 摄像机

(i) 数码相机　　　　(j) 投影仪　　　　(k) 光盘刻录机

图 7-1　常用多媒体设备

常用的多媒体输入设备有_____。

常用的多媒体输出设备有_____。

2. 相关知识

➤媒体（Media 或 Medium）在计算机信息领域中有两种含义，一是指传播信息的载体，如文字、音频、图像、图形、动画和视频等；二是指存储信息的实体，如磁盘、光盘等。

➤多媒体（Multimedia）是融合两种或两种以上媒体的一种人机交互式信息交流和传播载体。

➤多媒体技术是多种媒体与计算机技术相结合的一种新技术，它主要利用计算机技术将多种媒体信息交互混合，使计算机具有表现、处理、存储多种媒体信息的综合能力。

➤多媒体计算机（MPC）是指能够对音频、视频、图形等多媒体信息进行综合处理的计算机。通常情况下，MPC 硬件配置标准越高，多媒体处理软件可安装得越多。

➤多媒体的基本元素为文本、图形、图像、动画、音频、视频。

任务实施

体验与探索：下面请同学们体验多媒体素材的一些获取方法，希望通过这些操作，同学们能够举一反三。

1. 获取文本信息

文本素材的获取方法有：

➤直接在编辑软件中输入文本。

➤从网上下载后进行编辑。

➤通过扫描仪进行 OCR（Optical Character Recognition 光学字符识别）文字识别。

下面体验 OCR 文字识别的方法，具体操作步骤如下：

（1）将扫描仪接通电源并连接到计算机（如果扫描仪已正确安装驱动程序和应用软件，则该扫描仪将被识别，否则需安装驱动程序）。

（2）掀起扫描仪上盖将要扫描的稿件放置在玻璃扫描板上，合上上盖。

（3）启动 OCR 软件，如图 7-2 所示。

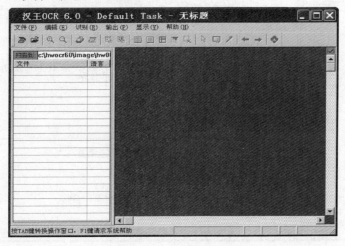

图 7-2　OCR 软件界面

（4）在工具栏上单击 扫描按钮，启动扫描程序，扫描仪完成稿件预览，如图 7-3 所示。

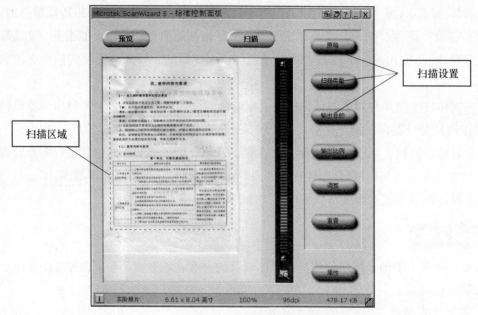

图 7-3　扫描控制面板

（5）在图 7-3 所示界面中，调整扫描区域，设置原稿为文档，扫描类型为黑白，输出目的为 OCR 文字识别，单击 扫描 按钮，扫描仪将文稿图像扫入 OCR 软件中，如图 7-4 所示。

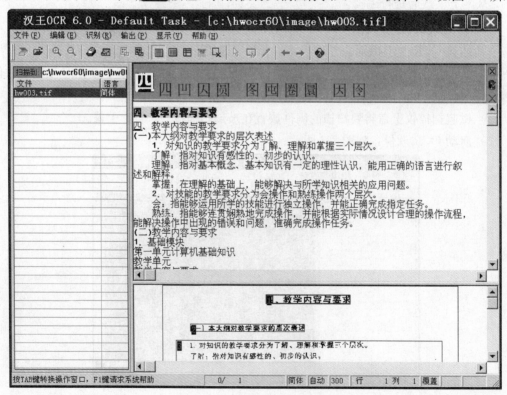

图 7-4　文稿扫描到 OCR 软件

（6）在 OCR 软件中进行倾斜校正、版面分析操作，并拖动鼠标左键选定要进行文字识别的文本区域，然后单击▣识别按钮，识别结果如图 7-5 所示。

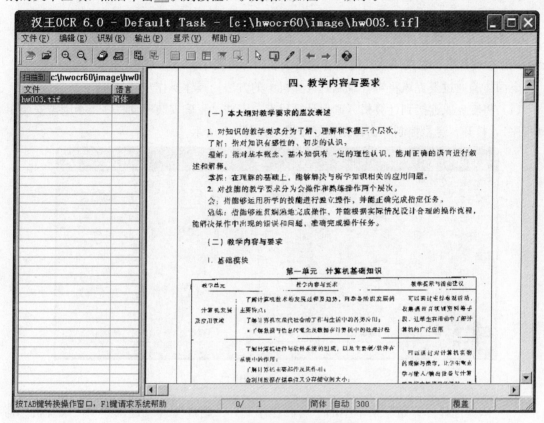

图 7-5　OCR 软件识别完毕

（7）校对并改正少数识别错误的文字，所获得的文字素材文本保存到相应位置，如图 7-6 所示。

图 7-6　保存文本

> **注意：** OCR 文字识别只是扫描仪的功能之一，它还可以将图像、底片和实物扫描进计算机。

2. 获取音频文件

音频文件素材的获取方法有：

➢ 从素材库（光盘音效库、音乐音效素材网站）中获取。

➢ 通过音频处理软件从 CD 音乐光盘或电影文件中截取和分离获得。

➢ 通过录音笔、麦克风或其他放音设备录制到计算机中。

下面体验通过麦克风将声音录制到计算机中的方法，具体操作步骤如下：

（1）将麦克风连接到计算机（确保计算机有声卡并已正确安装驱动程序，否则需安装驱动程序），打开"音量控制"窗口调整好音量，如图 7-7 所示。

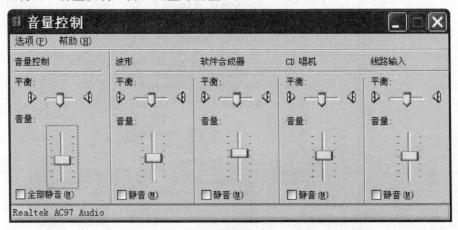

图 7-7 音量控制窗口

（2）依次选择"开始"菜单中的"所有程序"→"附件"→"娱乐"→"录音机"命令，打开"录音机"窗口，如图 7-8 所示。

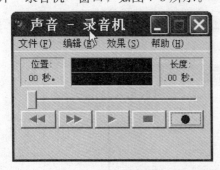 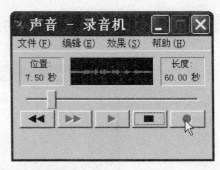

图 7-8 "录音机"窗口

（3）单击 ● 按钮开始录音，对着麦克风说话，观察录音机窗口中的波形变化，单击 ■ 按钮停止录音，单击 ▶ 按钮播放录制的声音。录制完成后，选择"文件"→"保存"命令，保存录制的声音，文件格式为 WAV。

（4）WAV 格式的音频文件是未经过压缩的原始音频素材文件，文件比较大，不适合用于多媒体的编辑，通常要进行格式转换方可使用，如转为 MP3 或 MID 格式，下面用"音乐格式转换器"软件将录制的 WAV 格式文件转换为 MP3 格式，操作如图 7-9 所示。

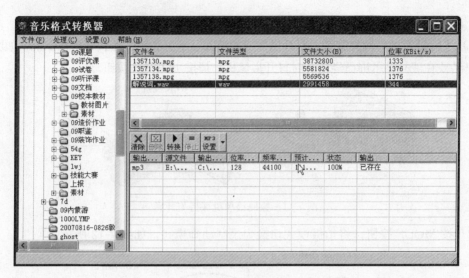

图 7-9　格式转换

注意：Windows 自带的"录音机"仅能录制 1 分钟的声音文件，如需录制较长的声音文件还需在计算机中安装其他录音软件，如"超级录音机"等。

3. 获取视频文件

视频文件素材的获取方法有：

➤从视频素材网站中获取。

➤通过专用软件从 DVD 光盘中截取电影片段。

➤通过数码摄像机（或数码相机）进行视频摄制。

➤用视频采集卡捕获录像带中的视频素材。

下面以数码摄像机的操作为例介绍视频文体素材的获取方法。

目前常见数码摄像机的品牌较多，以硬盘为存储介质的最普遍，操控方法基本一致，摄像机外部操控按钮如图 7-10 所示。

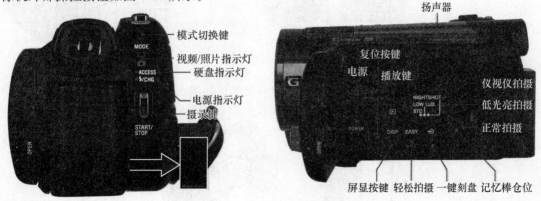

图 7-10　数码摄像机操控按钮

具体操作步骤如下：

（1）手持摄像机，调整腕带，打开摄像机的液晶显示屏和镜头盖且开启摄像机，如图 7-11 所示。（若要在液晶显示屏已经打开时打开摄像机，请按 POWER 按钮。）

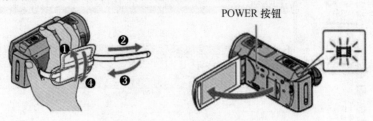

图 7-11　数码摄像机握持与开启

（2）按 MODE 按钮，将拍摄模式切换为录制动画模式，如图 7-12 所示。

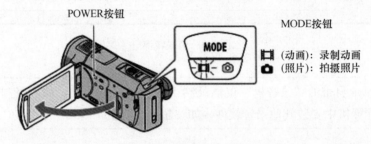

图 7-12　拍摄模式切换

（3）将镜头对准被摄对象，眼睛注视取景器，拨动变焦控制杆，调整被摄对象大小，如图 7-13 所示，按 START/STOP 按钮开始录制，录制过程中可以使用变焦（推、拉）、摇、移动等方法，按 START/STOP 按钮结束一个镜头的录制，如图 7-14 所示。

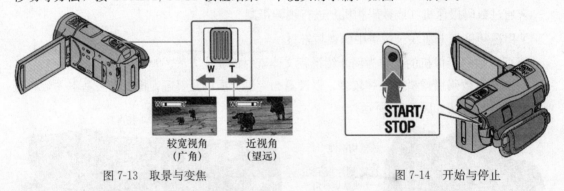

图 7-13　取景与变焦　　　　　　　　　　　　　　　　图 7-14　开始与停止

（4）要查看已录制的视频，按▶按钮，观看录像，如图 7-15 所示。

图 7-15　播放视频

（5）可以通过专用 USB 电缆将摄像机连接到计算机，将已录视频或图像传送到计算机中，通过专用软件进行编辑。（详见任务 3 视频编辑）

> **注意：**不同品牌的摄像机录制的视频文件格式也有所不同，采集到计算机中在视频编辑上也会有不同，有的可能必须经过转换格式才能编辑。

4. 获取图像文件

图像文件素材的获取方法有：

➢从资料光盘和图片素材网站中获取。

➢使用绘图软件（如 AutoCAD 等）进行绘制。

➢通过数码相机进行拍摄，导入计算机中。

➢使用扫描仪获取图像。

➢使用抓图软件获取屏幕图像。

下面体验抓图软件 HyperSnap 的操作方法，具体操作步骤如下：

（1）找到并打开要抓取的图像，如图 7-16 所示。

图 7-16　屏幕图像

（2）启动 HyperSnap 软件，如图 7-17 所示。

（3）单击 Capture Region 按钮或按相应快捷键，用鼠标选定相应的区域单击完成抓图，如图 7-18 所示。

（4）将所得图像粘贴或保存到相应位置即可。

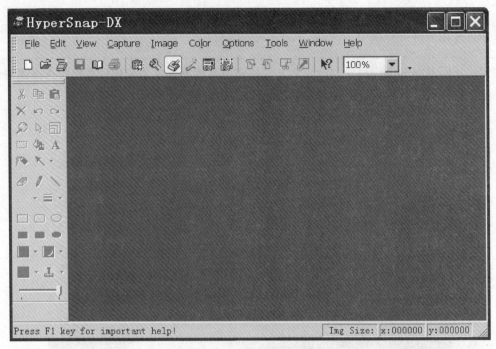

图 7-17　抓图软件窗口

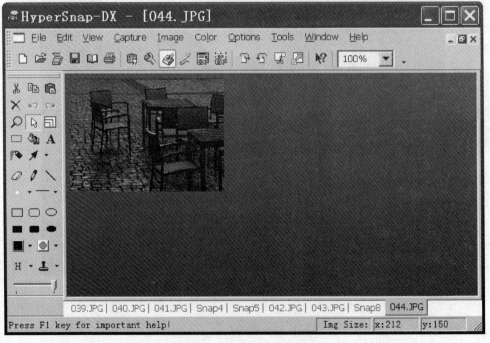

图 7-18　完成抓图窗口

注意：一般屏幕抓图可以直接用键盘上的 PrScrn 键完成，而专用的抓图软件可以完成较为复杂的"抓图"，如抓取菜单、按钮和屏幕操作等。

任务小结

1. 多媒体应用软件的分类和特点如表 7-2 所示。

表 7-2 多媒体应用软件的分类及特点

多媒体软件的分类		多媒体软件的名称
多媒体播放软件		Windows Media Player、暴风影音、千千静听
多媒体素材制作软件	文本编辑与录入软件	Microsoft Word、UltraEdit
	图形和图像编辑与处理软件	ACDSee、Adobe Photoshop、AutoCAD
	音频编辑与处理软件	Adobe Audition、Goldwave、CoolEdit Pro
	视频编辑与合成软件	Adobe Primiere、Adobe AfterEffects、Windows Movie Maker、会声会影
	动画制作软件	3ds Max、Maya、Flash
	音频文件格式转换软件	音频转换精灵、AVConverter MP Converter
	视频文件格式转换软件	WinAVI Video Converter、豪杰视频通
多媒体合成软件		Authorware、Director、Flash、PowerPoint

2. 文本文件格式的分类和特点如表 7-3 所示。

表 7-3 文本文件格式的分类与特点

分类	格式	特点	编辑软件
文本文件格式	txt	txt 文件是微软在操作系统上附带的一种文本格式，是最常见的一种文件格式，早在 DOS 时代应用就很多，主要存储文本信息，即为文字信息	记事本
	doc	微软的"doc"格式是一种自己的专属格式，其档案可容纳更多文字格式、脚本语言及复原等资讯，比其他的文档格式（如 RTF、HTML 等）要多，但因为该格式是属于封闭格式，因此其兼容性也较低	Word

3. 视频文件格式的分类和特点如表 7-4 所示。

表 7-4 视频文件格式的分类与特点

分类	格式	特点	浏览方式
视频文件格式	avi	avi 即音频视频交错格式。所谓"音频、视频交错"，就是可以将视频和音频交织在一起进行同步播放。这种视频格式的优点是图像质量好，可以跨多个平台使用，其缺点是体积过于庞大，压缩标准不统一，如果用户在进行 avi 格式的视频播放时遇到问题，一般可以通过下载相应的解码器来解决	Media Player、暴风影音
	wmv	wmv 是微软推出的一种采用独立编码方式，并且可以直接在网上实时观看视频节目的文件压缩格式。主要优点包括：本地或网络回放、可扩充的媒体类型、部件下载、可伸缩的媒体类型、流的优先级化、多语言支持、环境独立性、丰富的流间关系，以及扩展性等	Media Player、暴风影音

分类	格式	特点	浏览方式
视频文件格式	mov	mov 是美国 Apple 公司开发的一种视频格式。具有较高的压缩比率和较完美的视频清晰度，但是其最大的特点为跨平台性，即不仅能支持 MacOS，同样也能支持 Windows 操作系统	QuickTime Player
	rmvb	rmvb 是一种由 rm 视频格式升级延伸出的新视频格式，它的优势在于其打破了原先 rm 格式的平均压缩采样的方式，在保证平均压缩比的基础上合理利用比特率资源，也就是说，让静止和动作场面少的画面场景采用较低的编码速率，这样可以留出更多的带宽空间，而这些带宽会在出现快速运动的画面场景时被利用	RealOne Player、暴风影音
	MPEG	MPEG 是 Motion Picture Experts Group 的缩写，它包括了 MPEG-1、MPEG-2 和 MPEG-4。MPEG 压缩标准是针对运动图像而设计的。其中 MPEG-1 被广泛应用在 VCD 的制作和一些视频片段下载的网络应用上面。MPEG-2 则是应用在 DVD 的制作（压缩）方面，同时在一些 HDTV（高清晰电视广播）和一些高要求视频编辑、处理上面也有相当的应用面。MPEG-4 是一种新的压缩算法，它能够保存接近于 DVD 画质的小体积视频文件	Media Player、暴风影音
	FLV	FLV 是 Flash Video 的简称，FLV 流媒体格式是一种新的视频格式，全称为 Flash Video。由于它形成的文件极小、加载速度极快，使得网络观看视频文件成为可能，它的出现有效地解决了视频文件导入 Flash 后，使导出的 SWF 文件体积庞大，不能在网络上很好地使用等缺点。目前各在线视频网站大多采用此视频格式，如新浪播客、56、土豆网、酷6网、YouTube 网等无一例外。FLV 已经成为当前视频文件的主流格式	暴风影音

4. 音频文件格式的分类和特点如表 7-5 所示。

表 7-5　音频文件格式的分类与特点

分类	格式	特点	浏览方式
音频文件格式	wav	微软开发的一种声音文件格式，用于保存 Windows 平台的音频信息资源，被 Windows 平台及其应用程序所支持。wav 格式的声音文件质量和 CD 相差无几，也是目前 PC 上广为流行的声音文件格式，几乎所有的音频编辑软件都可以支持 wav 格式。缺点是文件体积庞大	Windows Media Player、暴风影音、千千静听
	MP3	MP3 格式是目前最为流行的音乐文件格式，它采用 MPEG Layer3 标准对 wav 音频文件进行压缩，其特点是能以较小的比特率和较大的压缩率达到近乎完美的 CD 音质	Windows Media Player、暴风影音、千千静听
	MIDI	MIDI 音乐数据文件，文件较小，能与电子乐器的数据交互，适合乐曲创作等应用	
	WMA	WMA 的全称是 Windows Media Audio，是微软力推的一种音频格式。WMA 格式以减少数据流量但保持音质的方法来达到更高的压缩率目的，其压缩率一般可以达到 1∶18。Windows Media 专有的串流音频格式通常用来下载与播放文件或串流传递内容	Windows Media Player、暴风影音、千千静听

┣╋┫　思考与练习　┣╋┫

1. 举例说明，在网络环境下如何正确选择和处理音频和视频的格式？

2. 从多媒体处理软件的易用性和功能性方面考虑，如何正确选择使用多媒体处理软件？

任务2　多媒体素材准备

在本任务中，摄制组需要完成"江南园林"专题片的多媒体素材准备，包括视频素材、图像素材的拍摄，音频素材的选择和获取，解说词的编写。导演应仔细研究景观组成，设计分镜头脚本，并安排组员按职责完成各自的素材准备任务。

> **知识点**：分镜头脚本、拍摄技巧、景别、江南丝竹音乐、江南民居建筑特点

任务准备

1. 观察与认知

播放纪录片"第三极"片段，如图7-19所示，请同学们观察影片的片头与片尾设计、镜头运用、配乐和解说，认知景别和镜头拍摄技巧。

图7-19　纪录片"第三极"

2. 相关知识

×××公园作为本次影片的拍摄主体，其建筑为江南古典民居式风格，建筑物均为灰瓦顶、白粉墙、楠木色门窗，山水桥亭呈江南景色。我们如何通过一部简短的专题片体现出公园的特色呢？在拍摄前必须学习了解相关知识，进行详细的策划，编写好拍摄的镜头脚本，在拍摄时还要对脚本进行进一步的完善，才能较好地完成拍摄任务。

（1）影视制作知识

影视作品的一般制作流程如图7-20所示。

图 7-20 制作流程

主题策划是从影片内容入手，确定影片的风格，编写制作脚本和解说词，确定背景音乐风格和片头、片尾的设计风格。

研究公园的景观布局，确定拍摄顺序，详细编写分镜头脚本，其格式如表 7-6 所示。

表 7-6 分镜头脚本格式

镜号	景别	技巧	画面内容	解说词	音乐	音响	长度（秒）

- 镜号：每个镜头按顺序编号。
- 景别：一般分为全景、中景、近景、特写和显微等。
- 技巧：包括镜头的运用——推、拉、摇、移、跟等，镜头的淡出谈入、切换、叠化等。
- 画面：详细写出画面里场景的内容和变化，简单的构图等。
- 解说：按照分镜头画面的内容，以文字稿本的解说为依据，把它描绘得更加具体、形象。
- 音乐：使用什么音乐，应标明起始位置。
- 音响：也称为效果，它是用来创造画面身临其境的真实感，如现场的环境声、雷声、雨声、动物叫声等。
- 长度：每个镜头的拍摄时间，以秒为单位。

（2）江南园林的知识

在中国传统建筑中，园林一向被人视为精华。释、道、儒思想融入了园林艺术创作之中，形成巧夺天工的奇异效果。明代造园大师计成在《园冶》中用 8 个字道出中国园林的要旨——"虽由人作，宛自天开"。中国园林分南北两派，北方的皇家园林气势恢宏，江南的私家园林玲珑剔透。团结湖公园所仿照的江南园林有 3 个显著特点。

- 叠石理水。江南水乡，以水景擅长，水石相映，构成园林主景。太湖产奇石，玲珑多姿，植立庭中，可供赏玩。后又发展叠石为山，除太湖石外，并用黄石、宣石等。
- 花木种类众多，布局有法。江南气候土壤适合花木生长，苏州园林堪称集植物之大成，且多奇花珍木，如拙政园中的山茶和明画家文徵明手植藤。江南园林得天独厚和园艺匠师精心培育，因此四季有花不断。
- 建筑风格淡雅、朴素。江南园林沿文人园轨辙，以淡雅相尚。布局自由，建筑朴素，厅堂随宜安排，结构不拘定式，亭榭廊槛，宛转其间，一反宫殿、庙堂、住宅之拘泥对称的常态，而以清新洒脱见称。

江南园林中常见的建筑形式如下。

· 亭：一种开敞的小型建筑物，多用竹、木、石等材料建成，平面一般为圆形、方形、六角形、八角形和扇形等，顶部则以单檐、重檐、攒尖顶为多。按其所处的位置分，又有桥亭、路亭、井亭、廊亭等。园林中规模最大的是颐和园十七孔桥东侧的廊如亭。

· 台：台是一种露天的、表面比较平整的、开放性的建筑。其上可以没有建筑，仅供人们休息、观望、娱乐之用，也可以修建建筑，以台为基础的建筑显得雄伟高大。建在不同地貌基础上的台分别称为天台（建在山顶）、挑台（建在峭壁上）、飘台（建在水边）。

· 楼阁：楼阁是园林中的高层建筑，一般体积较大，造型丰富。早期的楼是指两层单体建筑的叠摞，供居住用。而阁则底层空出，主要建筑位于上层，多用于观赏风景。后也将贮藏书画或供佛的多层殿堂称为阁，如北京颐和园的佛香阁。

· 榭：临水或局部或全部建筑于水上的建筑，用以休憩和观赏水景。

· 舫：舫是仿照船的造型，在园林的水面上建造起来的一种船型建筑物，供人们游玩设宴、观赏水景，如苏州拙政园的"香洲"、北京颐和园的"清晏舫"等。

· 廊：通常布置在两个建筑物或观赏点之间，起着遮风避雨、联系交通等实用功能，而且对园林中风景的展开和层次的组织有重要作用。从横剖面的形状看，廊可以分为双面空廊（两边通透）、单面空廊、复廊（在双面空廊的中间加一道墙）、双层廊（上下两层）4 种类型。从整体造型及所处位置来看，又可以分直廊、曲廊、回廊、爬山廊和桥廊等。

· 桥：是园林水景构成中的重要组成要素，按桥的形状分有拱桥、平桥、亭桥和廊桥等。建桥的材料多为石、竹、木等。我国北方的皇家园林多为壮观的大桥，而南方园林则多为小巧精致的拱桥。

任务实施

素材准备：在任务 1 中，摄制组各成员已经体验了各种多媒体素材的获取方法，下面按分工完成影片所需素材的准备工作。

1. 分镜头脚本缩写。由导演根据公园景观情况编写分镜头脚本，解说词和音乐部分由相应组员配合完成，如表 7-7 所示。

表 7-7 "江南园林"分镜头脚本

镜号	景别	技巧	画面内容	解说词	音乐	音响	长度（秒）
1	全	俯、慢推	公园俯视图	×××公园位于……	高山流水		5
2	特—全	推	东门全景				5
	全	推、摇	云山				10
	近	移	云山中小径，曲径通幽				15
			环波桥				
			得月廊				
			明漪舫				
			水阁荷香				

镜号	景别	技巧	画面内容	解说词	音乐	音响	长度（秒）
			西门				
			流水照壁				
			接秀桥				
			南门				
			引胜桥				
			览翠轩				
			花房				
			静香亭				
			中心岛				
			晚霞逸秀亭				
			壁画				
			石雕景观 建筑物灰瓦顶、白粉墙、楠木色 四季花木				

2. 视频素材拍摄。摄像师依据导演的分镜头脚本拍摄视频素材，并可根据现场实景增加镜头，拍摄时注意景别和技巧的应用。操作时注意持稳摄像机，较长的镜头应使用三角架拍摄。

• 远景：被摄景物范围广阔深远，擅长于表现景物的气势，主要以大自然为表现对象，强调景物的整体结构而忽略其细节的表现。

• 全景：被摄景物范围小于远景，擅长于表现被摄对象的全貌及其所处的环境特点。相对来说，全景比远景有更明显的立体效果。

• 中景：被摄景物范围介于远景和全景中间，擅长于表现人与人，人与物之间的关系，以情节取胜。

• 近景：突出表现被摄对象的主要部分及面貌，擅长于对人物神态或景物的主要形状做细腻的刻画。

• 特写：是对被摄人物或景物的某一局部进行更为集中突出的再现。它比近景的刻画更细腻、具体。

具体操作步骤：

（1）阅读分镜头脚本，理解导演意图，打开摄像机试拍一次（只通过镜头观察）。

（2）如果试拍效果不好，调整拍摄方法再试拍。

（3）正式拍摄，时间按脚本要求控制。

（4）观看拍摄效果，如果没问题拍摄下一镜头，否则补拍。

3．音频素材收集。录音师上网搜集适合江南园林题材的音乐，在音乐的长度、格式、音质上对素材进行处理。

具体操作步骤如下：

（1）进入"百度"网站，搜索"高山流水"乐曲，试听效果，选择符合要求的链接进行下载，如图 7-21 所示。

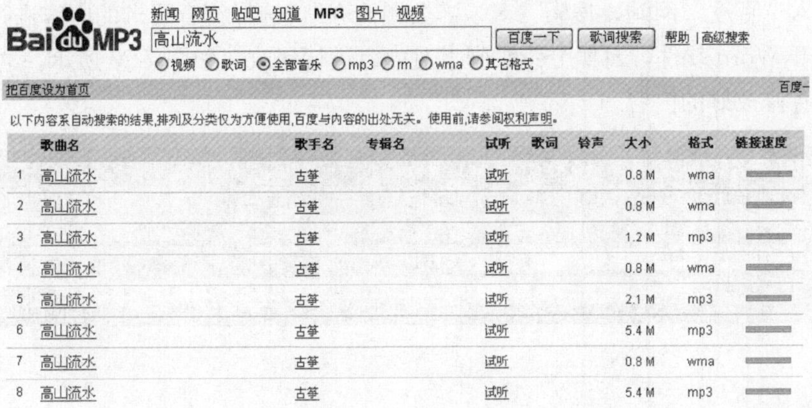

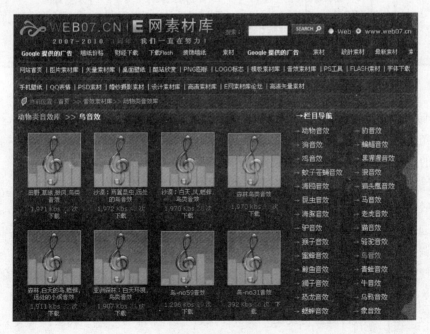

图 7-21 下载音乐

（2）进入"E网素材库"网站，搜索"鸟鸣"音效，试听效果，选择符合要求的音效进行下载，如图 7-22 所示。

图 7-22 下载音效

（3）保存整理好的音乐素材。

> **注意：** 江南丝竹是流行于江苏南部、浙江西部、上海地区的丝竹音乐的统称。因乐队主要由二胡、扬琴、琵琶、三弦、秦琴、笛、箫等丝竹类乐器组成，故名。

4. 解说词编写。场记在网上搜索"×××公园简介"，以此为基础，根据导演分镜头脚本改写为影片解说词。

具体操作步骤如下：

（1）进入"百度"网站，搜索"×××公园简介"，选择符合要求的内容进行下载。

（2）打开 Word 软件，对照分镜头脚本对内容进行修改，如图 7-23 所示。

（3）保存修改好的内容。

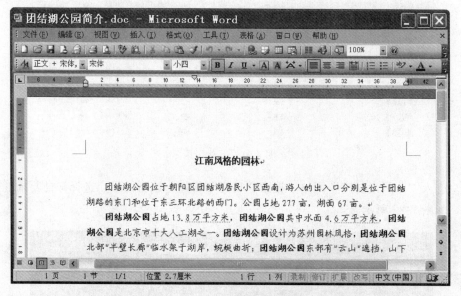

图 7-23 编辑解说词

5. 图像素材拍摄和处理。摄影师依据导演的分镜头脚本拍摄典型景观素材，拍摄时注意构图和光线的应用，提升照片的艺术性。操作时注意持稳相机，必要时使用三脚架拍摄。选定使用的照片还可以用图像处理软件进行加工和处理。

具体操作步骤如下：

（1）启动 Photoshop 软件，打开要处理的图像文件，如图 7-24 所示。

（2）选择"图像"→"调整"→"色相/饱和度"命令，对色调进行调整，再选择"图像"→"调整"→"亮度/对比度"命令对亮度进行调整。

（3）使用"椭圆选框"工具对图像进行局部选取，选择"选择"→"羽化"命令，设置羽化半径为"30"像素，单击"确定"按钮，效果如图 7-25 所示。

（4）按 Ctrl＋C 组合键进行复制，选择"文件"→"新建"→"确定"命令，按 Ctrl＋V 组合键进行粘贴，得到如图 7-26 所示的图像，保存为 PNG 格式。

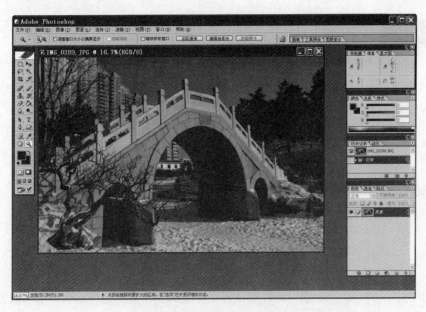

图 7-24 打开图像文件

图 7-25 羽化选取

图 7-26 处理后图像

任务小结

脚本、解说词与视频拍摄有着密不可分的关系，导演需认真研究解说词，然后根据解说词分出大的场景，每个场景拍摄足够的镜头以备后期制作使用，背景音乐的选取也要与影片的主题和风格相一致，为影片增加效果。

思考与练习

1. 分镜头脚本的编写主要包含哪些元素？
2. 视频拍摄主要有哪些景别？常用的拍摄技法有哪几种？

任务3　视频编辑

在本任务中，用"会声会影"软件对任务2完成的视频素材进行编辑，基本依据为分镜头脚本，以导演和摄像师为主进行操作，其他组员配合完成，并一同学习视频编辑软件的使用。

> **知识点**：会声会影软件的界面特点和基本操作方法、视频编辑的方法和手段、片头和片尾的设计、转场、特效、滤镜

 任务准备

1. 观察与认知

打开会声会影软件，如图7-27所示，观察该软件界面的特点，认知视频编辑类软件界面的主要组成部分。

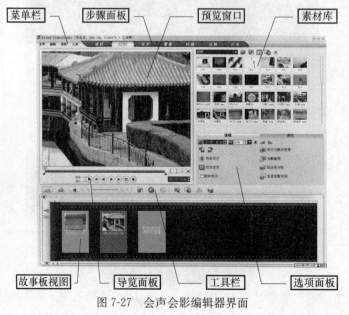

图7-27　会声会影编辑器界面

2. 相关知识

（1）视频

·电视制式：目前国际上的电视制式主要有 PAL 与 NTSC 两种。

PAL 制式的特点是每秒由 25 帧画面组成，有 625 行扫描线，分辨率是 720×576 像素。

NTSC 制式的特点是每秒由 29.97 帧（接近 30 帧）画面组成，有 525 行扫描线，分辨率是 720×480 像素。

·DV AVI 文件：使用 IEEEl394 卡从数码摄像机采集到计算机中的文件一般都是 DV AVI 格式的文件，其特点是无压缩、质量好，但缺点是占用的存储空间大。DV AVI 文件也分为两种，分别是 DV 类型 1 与 DV 类型 2。

通常 AVI 文件由一个视频和一个音频组成。DV 类型 l 的视频和音频是组合在一起的，形成一个完整的 AVI 流；而 DV 类型 2 的视频和音频是分离的，形成两个 AVI 流。

·流媒体视频：网上看电影使用的就是流媒体传输技术。其传输特点是边下载边播放，无需全部下载后再播放，且文件较小。目前常见的流媒体格式主要有 ∗.wmv、∗.rm 和 ∗.mov 3 种。

·MPEG 压缩标准：MPEG 是 Moving Picture Exports Group（活动图像专家组）的英文缩写。该专家组于 1988 年成立，专门制定数字视/音频的压缩标准。像 MPEG-1、MPEG-2 与 MPEG-4 等标准皆出自这个专家组。

MPEG-l 是第一代压缩标准，广泛应用于 VCD 和 MP3 文件中，其特点是压缩率大，但画面质量较差。MPEG-2 是第二代压缩标准，具有较高的压缩比率与良好的图像质量，已被广泛地应用于 DVD 影碟格式。现在逐渐兴起的数字电视的压缩格式也是 MPEG-2 格式。MPEG-4 标准的压缩率更高，质量最优，广泛应用于网络、手持移动设备等领域。

（2）视频编辑

"会声会影编辑器"的视频编辑要用到 3 种视图模式，对 5 个视频、音频轨道的内容进行编辑操作，如图 7-28 所示。

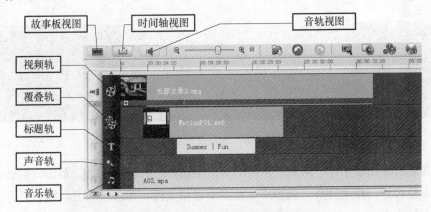

图 7-28　视图与轨道

故事板视图用于搭建影片的整体结构，方便加入转场效果；时间轴视图允许对素材进行精确到帧的编辑；音轨视图可以方便地调整视频、声音和音乐素材的音量，并可通过混音器进行音量调整。

任务实施

本项工作主要由导演和摄像师完成，其他小组成员也要共同学习视频的编辑方法。

1. 素材导入

将拍好的视频、音乐和图像素材添加到素材库，为下一步进行编辑做好准备工作。

具体操作步骤如下：

（1）启动"会声会影"软件，选择"文件"菜单的"新建项目"命令。

（2）在素材库面板中的"画廊"下拉列表框中选择"视频"选项，单击"加载视频"按钮，选择视频素材所在文件夹，选择一个或多个视频文件，单击"打开"按钮，视频素材将被添加到素材库中，如图 7-29 所示。

图 7-29　加载视频素材

（3）在素材库面板中的"画廊"下拉列表框中选择"音频"选项，单击"加载音频"按钮，选择音频素材所在文件夹，选择一个或多个音频文件，单击"打开"按钮，音频素材将被添加到素材库中。

（4）同上方法，加载图像素材和音乐素材到素材库。

（5）保存项目文件，文件名为"江南园林"。

2. 片头的设计和制作

片头的设计水平能体现出导演的艺术修养和制作人员的制作能力，较复杂的片头制作会用到 Cool 3D、Flash、Photoshop 等软件，合成过程也比较复杂，有兴趣的同学可以多尝试。下面是利用现有素材设计制作的较为简单的片头效果，请同学们参考，也可以根据自己的情况进行调整。

倒计时镜头（5s）→音乐起，淡入淡出典型景观照片（15s）→画面停在公园大门（10s）→推出片名：团结湖公园——江南风格的园林（6s）→画面淡出变黑（5s）。

具体操作步骤如下：

（1）打开项目文件"江南园林"，若项目处于打开状态本步可免。

（2）在"视频素材库"中选择"倒计时"视频素材，拖入"故事板视图"中。

（3）在"色彩素材库"中选择"黑色"色彩素材，拖入"故事板视图"中。

（4）在"图像素材库"中选择几张"典型景观"图像素材，拖入"故事板视图"中，在选项面板中调整图像时间为 4s，最后一张"大门"图像时间为 10s，如图 7-30 所示。

图 7-30　片头素材插入

（5）在步骤面板上选择"效果"，单击"画廊"选择"过滤"，将"交叉淡化"转场效果拖入到故事板视图中的图像之间，如图 7-31 所示。

（6）在步骤面板上选择"标题"，选择一种标题拖入到"标题轨"的相应位置上，在选项面板上编辑文字，设置文字动画效果，如图 7-32 所示。

图 7-31　设置转场效果

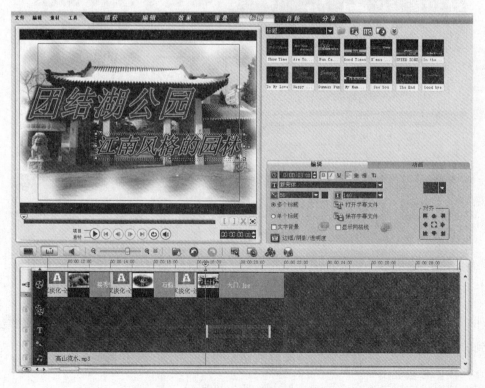

图 7-32　插入标题

（7）在"音乐素材库"中选择"高山流水"音乐素材，拖入"音乐轨"上的相应位置中。

（8）在预览窗口选择"项目"，单击"播放"按钮，观看片头效果，对不满意处进行修改，保存项目。

3. 视频的编排与剪辑

由于视频素材内容较多，我们按照公园景观的布局对镜头进行了分组编排，以方便进行视频编辑和配解说词，镜头分组如表 7-8 所示。

表 7-8　视频素材分组编排

镜头分组	镜头内容	解说词
第①组：公园概况	1. 公园全景俯视图 2. 团结湖小区全景 3. 公园全景	×××公园位于……
第②组：东门景观	1. 东门 2. 云山 3. 云山石径 4. 环波桥	进入东门映入眼帘的是……
第③组：北部景观	1. 得月廊 2. 半壁长廊 3. 石舫 4. 水阁荷香 5. 揽翠轩	公园的北部有……
第④组：西门景观	1. 西门 2. 流水照壁 3. 接秀桥	进入西门顿觉眼前一亮……
第⑤组：南门景观	1. 南门 2. 引胜桥	南门经引胜桥进入中心岛……
第⑥组：中心岛景观	1. 逸秀亭 2. 建筑物 1 3. 建筑物 2 4. 运动场	中心岛上有……
第⑦组：江南园林特征	1. 云山、照壁、假山、太湖石 2. 四季植物 3. 建筑特征	江南园林的 3 个特征，第一，叠石成山……
第⑧组：娱乐生活	1. 老人和儿童 2. 踢毽子 3. 唱歌和下棋 4. 公园全景	×××公园是周边居民的休闲场所……

下面就以第一组视频为例学习视频的编辑，其他组视频的编辑参照执行。

具体操作步骤如下：

（1）打开项目文件"江南园林"，若项目处于打开状态本步可免。

（2）在"图像素材库"和"视频素材库"中选择"全景"图像素材、"小区全景"和"公园全景"视频素材，拖入"故事板视图"中"片头"后位置。

（3）在"故事板视图"上选择"俯视全景"图像视频素材，在选项面板上设置时间为5秒，并增加"摇动和缩放"效果，用预览窗口播放进行预览，如图7-33所示。

图7-33　图像视频设置

（4）在"故事板视图"上选择"小区全景"视频素材，预览后发现后面有一段视频多余，移动"飞梭栏" 到需要剪掉的起点位置，单击按钮，将素材分为两部分，在"故事板视图"上将不要的素材删除，如图7-34所示。

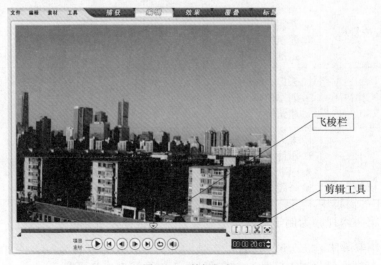

飞梭栏

剪辑工具

图7-34　剪辑视频

（5）对于素材中有多个部分需要修剪的，可在"多重修整视频"窗口进行修剪，如图 7-35 所示。（选用步骤）

图 7-35　多重修整视频

（6）预览，再修改，保存项目文件。

4. 视频滤镜的使用

视频滤镜是"会声会影"中的一项精彩的功能，运用得当能创造出精彩的影片，像老电影、气泡、闪电、浮雕、光晕的特效都可以用滤镜的功能实现，下面以"小区全景"视频增加晚霞效果为例介绍滤镜的使用，同学们可以举一反三。

具体操作步骤如下：

（1）打开项目文件"江南园林"，若项目处于打开状态本步可免。

（2）在"故事板视图"上选择"小区全景"视频素材，在"选项面板"上单击"属性"标签。

（3）拖动"色彩平衡"滤镜到故事板的"小区全景"视频上，在"选项面板"中单击"自定义滤镜"按钮，如图 7-36 所示。

（4）在弹出的窗口中，将首帧的红、绿、蓝的数值设置为 50、－40、－40，如图 7-37 所示。

（5）用鼠标单击结束帧，继续设置结束帧的红、绿、蓝的数值为 40、－30、－128，如图 7-38 所示，单击"确定"按钮完成设置。

（6）预览，再修改，保存文件。

图 7-36　滤镜选择面板

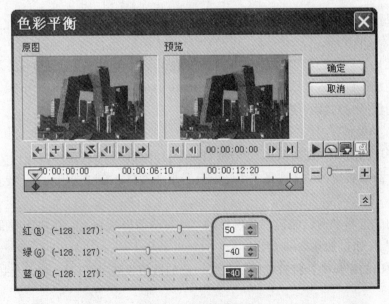

图 7-37　滤镜设置

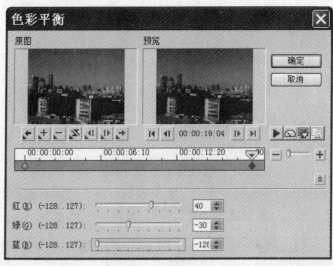

图 7-38 滤镜设置

5. 转场效果的使用

转场效果就是在片段之间的过渡方法，"会声会影"中提供了 100 多种转场效果，请同学们根据自己的喜好为自己的影片增加转场效果。下面以在片头和片段之间增加"对开门"转场效果为例，介绍操作方法。

具体操作步骤如下：

（1）打开项目文件"江南园林"，若项目处于打开状态本步可免。

（2）在"步骤面板"上选择"效果"，单击"画廊"选择"三维"，将"对开门"转场效果拖入到"故事板视图"中的图像之间，如图 7-39 所示。

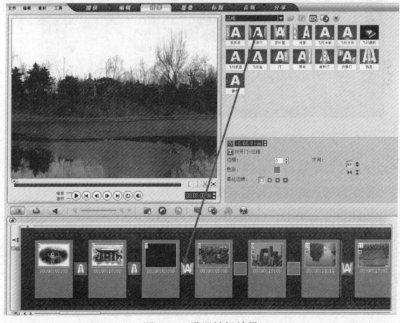

图 7-39 设置转场效果

（3）预览，再设置，保存文件。

6. 片尾的设计和制作

片尾设计与片头相比要简单一些，主要是呈现演职员表、制作单位、制作日期等信息，请同学们参考下面的设计方案。

画面变黑（总长 30s），音乐起→职员表淡入呈现（15s）→淡入"制作单位和日期"（5s）→淡入"谢谢观赏"（5s）→画面淡出（5s）。

具体操作步骤如下：

（1）打开项目文件"江南园林"，若项目处于打开状态本步可免。

（2）在"色彩素材库"中选择"黑色"色彩素材，拖入"故事板视图"中片尾处，在"选项面板"上设置"黑色"素材视频时间为 30s，如图 7-40 所示。

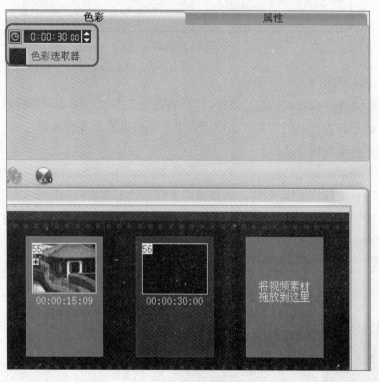

图 7-40　设置时间

（3）在"步骤面板"上选择"标题"，选择一个标题样式拖入到"标题轨"上的相应位置，双击后在预览窗口输入并编辑文字，如图 7-41 所示。

（4）在"选项面板"上单击"动画"标签，设置标题动画效果，并预览。

（5）重复步骤（3）、（4）做完所有标题文字设置。

（6）在"音乐素材库"中选择"吉他"音乐素材，拖入"音乐轨"上的相应位置中，设置音乐为淡入淡出。

（7）预览，再设置，保存文件。

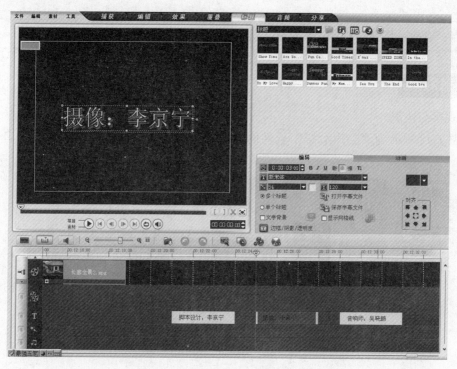

图 7-41 增加标题

任务小结

视频编辑首先要根据视频素材的格式和输出目的对编辑软件进行设置，如果素材为高清格式一定要设置成高清格式编辑，将来输出时可以有更多的选择，视频编辑的基本步骤为：

（1）导入所有素材，然后根据场景将素材按顺序拖到故事板。

（2）对故事板上的素材进行处理和剪辑。

（3）加入必要的转场和滤镜效果。

（4）加入字幕，制作片头和片尾。

（5）保存项目文件。

思考与练习

1. 简述视频编辑的基本步骤。

2. 视频编辑过程中如何处理好镜头的取舍，以保证影片的视觉效果更好？

任务4 音频编辑与作品输出

在任务3中我们已经完成了专题片的视频编辑，在本任务中将以导演和录音师为主进行作品最后的配音和输出工作，其他组员配合完成，并一同学习配音和输出的方法。

知识点：音轨、混音、视频文件格式、光盘格式

任务准备

1. 观察与认识

如图 7-42 所示为"会声会影"软件的混音操作界面，请同学们观察有几个音轨可以混音。

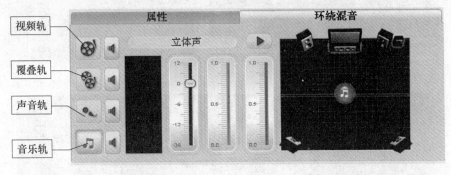

图 7-42　混音面板

2. 相关知识

混音就是调节不同音轨的音量，使它们混合在一起产生比较和谐的音响效果。"会声会影"软件的混音器对应着 4 个音轨，分别是视频轨、覆叠轨、声音轨和音乐轨。

如图 7-43 所示，"会声会影"软件提供了多种影片共享与输出的方式，常用的一个输出方式为视频文件，包括 avi、mpg、rm、wmv、mp4 等类型，avi 用于素材保留，mpg 多用于刻录 DVD 光盘，rm 和 wmv 为流媒体文件。常用的另一种输出方式为创建光盘，包括 HD DVD、DVD 8.5G、DVD 4.7G、DVD 1.4G、SVCD、VCD 多种类型，常用的为 DVD 4.7G。

图 7-43　输出方式

任务实施

1. 录制解说词

按镜头分组分别录制 8 段解说词，可以用"录音机"录制后再放到"会声会影"中配音，也可以在"会声会影"中对着画面直接录音。下面以在"会声会影"中录音为例加以

介绍。

具体操作步骤如下：

（1）打开项目文件"江南园林"，若项目处于打开状态本步可免。

（2）调试好麦克风，准备录音。

（3）在"步骤面板"上选择"音频"，在时间轴上选择需配音的画面起始帧，在"选项面板"上单击"录制声音" 🔊 按钮，如图 7-44 所示。

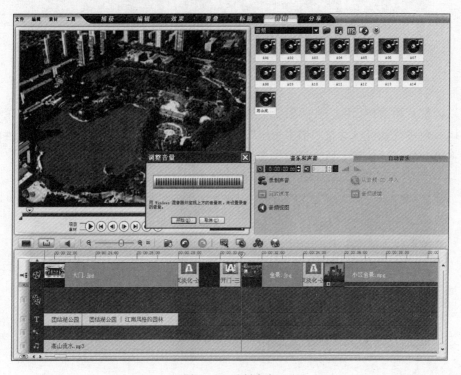

图 7-44　录制声音

（4）在"调节音量"窗口中单击"开始"按钮，对着画面朗读解说词。

（5）第 1 段解说词朗读结束单击"停止" 🔊 按钮结束录制，在声音轨上选择刚录的声音，在预响窗口中回放，试听效果，如果效果不好，可以在键盘上按 DEL 键删除，进行重录。

（6）重复步骤（3）～（5），完成所有段落的解说词录制。

（7）保存项目文件。

2. 编辑音频素材

本专题片的音频编辑工作主要是执行消除原视频上的声音、对声音轨的解说和音乐轨的背景音乐进行混音、增加鸟鸣等音效等操作。

具体操作步骤如下：

（1）打开项目文件"江南园林"，若项目处于打开状态本步可免。

（2）消除视频原声。在"故事板视图"上选择"小区全景"视频素材，在"选项面板"上单击"静音" 🔇 按钮，或将音量调整为 0，如图 7-45 所示。

图 7-45　消除视频原声

（3）调整音频素材长度。在音乐轨上选择已插入的背景音乐"高山流水"，用鼠标拖动文件首尾黄色竖线就可以对它"掐头去尾"，用鼠标拖动整个音乐文件就可改变文件的播放位置；在声音轨相关位置上插入鸟鸣等音效，如图 7-46 所示。

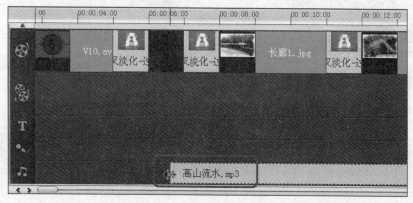

图 7-46　调整音乐素材

（4）多轨混音。在步骤面板上选择"音频"，在选项面板上单击"音频视图"按钮，打开"混音"面板，如图 7-47 所示，分别调整声音轨和音乐轨的音量，单击"播放"按钮试听效果，重新调整直到满意为止。

（5）保存项目文件。

3. 作品输出

专题片所有编辑工作完成后，就可以进行作品的输出了，下面以输出视频文件为例加以介绍。

具体操作步骤如下：

（1）打开项目文件"江南园林"，若项目处于打开状态本步可免。

（2）在"步骤"面板上选择"分享"，在"选项"面板上单击"创建视频文件"按钮，如图 7-48 所示。

（3）在打开的下拉菜单中选择"与项目设置相同"选项（项目默认设置为 DVD PAL 720×576），在"创建视频文件"窗口中设置文件名和保存位置，如图 7-49 所示。

（4）单击"保存"按钮，开始影片的渲染，如图 7-50 所示。

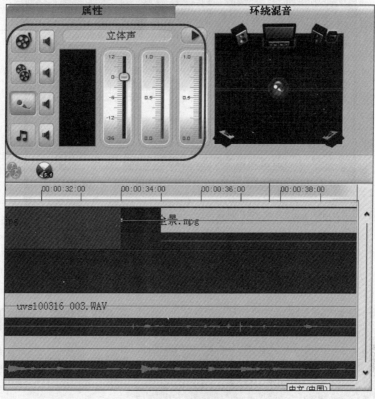

图 7-47　"混音"面板

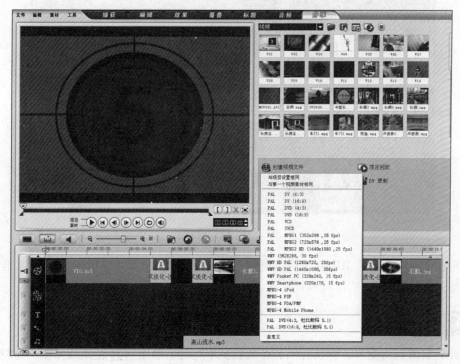

图 7-48　创建视频文件

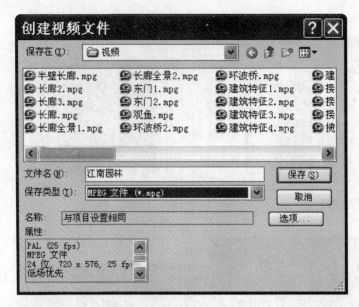

图 7-49 "创建视频文件"窗口

图 7-50 影片渲染

（5）渲染时间较长，渲染结束后，视频文件创建完毕，可以用一个通用的播放器软件播放新文件，查看效果。

任务小结

音频的编辑是将配音、背景音乐和音效放到不同的音轨上进行混音的过程，我们不仅需要根据故事板调整音频素材的位置和长短，还要协调不同音轨的音量大小，以求达到较好的音频效果。影片的输出是将项目编辑完成的音频、视频、图片、文字进行渲染合成的过程，时间会比较长，输出格式的选择是输出的关键，要根据用途进行输出格式的选择，也可以多输出几次，形成不同的格式文件，或直接输出成视频光盘。

思考与练习

1. "会声会影"软件最多支持几路音轨的混音？如何增加音轨？
2. 影片的输出格式决定了文件的大小，应该如何正确选择影片的输出格式？

中国建材工业出版社
China Building Materials Press